高血壓一日三餐怎麼吃

你是否經常感覺頭疼、頭暈？

經常在外就餐的你是否意識到攝入的油鹽量已經過量了？

你會定期量血壓嗎？

高血壓患者初期往往沒有明顯的症狀，若不加以控制就會引發其他嚴重的併發症，如腦卒中（中風）和對腎臟的損害，所以儘早發現高血壓和控制症狀是非常重要的。同時，高血壓又是一種由不良生活方式導致的疾病，只要平時注意飲食調理，養成良好的生活習慣，就會很大限度地規避引發高血壓的不良因素，從而降低血壓。

本書不僅有高血壓患者需要特別注意的事項，以及飲食控制血壓的關鍵點，還有專家為高血壓患者推薦的食材和量身定制的營養菜譜，有湯、有菜、有主食、有甜點，花樣多，營養足，口感好，讓你吃得放心，更吃得美味，輕輕鬆鬆降血壓。

降壓明星食材

1 大豆：含有特殊成分——大豆異黃酮，具有降低血壓和膽固醇的作用。其富含大豆蛋白，有很好的輔助降壓作用，可預防高血壓和血管硬化。

2 牛奶：含有豐富的乳清酸和鈣質，既能抑制膽固醇沉積於動脈血管壁，又能抑制人體內膽固醇合成酶的活性，減少膽固醇的產生，可預防高血壓和動脈硬化。

3 魚：魚類是高蛋白、低脂肪、低膽固醇的食物。魚肉中含有一種人體無法自身合成的 ω-3 脂肪酸，有助於防治心血管疾病。

4 粟米：所含的鎂元素可舒張血管，預防缺血性心臟病；硒元素可以降低血液黏稠度；卵磷脂和維他命 E 具有降低人體內膽固醇含量、預防高血壓的作用。

5 芹菜：含有一種能使血管平滑肌舒張的物質，因此可以降低血壓。芹菜中的降壓物質在煮熟後會遭到破壞和損失，所以，涼拌芹菜的降壓效果更明顯。

6 苦瓜：豐富的維他命 C 可以保持血管彈性，鉀元素可以保護心肌細胞，兩者都能降低血壓。苦瓜苷和類似胰島素的物質有降血糖的作用，可防治高血壓併發糖尿病。

7 **茄子：**富含維他命 P，能使血管壁保持彈性，有利防止毛細血管破裂出血，使心血管保持正常功能。經常吃茄子，有助於防治高血壓。

8 **洋蔥：**能減少外周血管和心臟冠狀動脈的阻力，可對抗人體內兒茶酚胺等升壓物質，能促進鈉鹽的排泄，使血壓下降。

9 **大蒜：**天然的降壓食物。大蒜有溶解體內瘀血的作用，有利防止血栓形成，減少心腦血管栓塞的概率。

10 **番茄：**茄紅素可掃除自由基，具有很強的抗氧化活性，還能降低血漿膽固醇濃度，可以防治高血壓，控制心血管疾病的發展。

11 **奇異果：**屬高鉀水果，能促進鈉的排出。所含的精氨酸可以改善血液流動，有利防止血栓形成，降低冠心病、高血壓、心肌梗塞、動脈硬化等心血管疾病的發病率。

12 **山楂：**所含的三萜類化合物及黃酮類等成分，具有擴張血管及降壓作用，有增強心肌、預防心律不齊、調節血脂及膽固醇含量的功效。

降壓禁忌食材

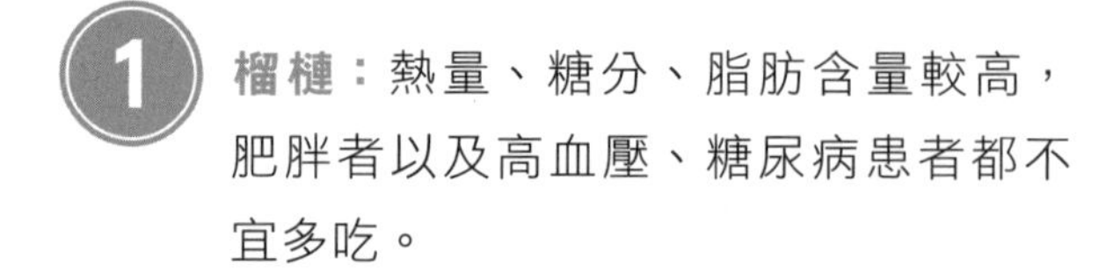

1 **榴槤：**熱量、糖分、脂肪含量較高，肥胖者以及高血壓、糖尿病患者都不宜多吃。

2 **咖啡：**咖啡因會引起血壓升高，高血壓患者不宜喝太多，尤其在壓力大、精神緊張時。

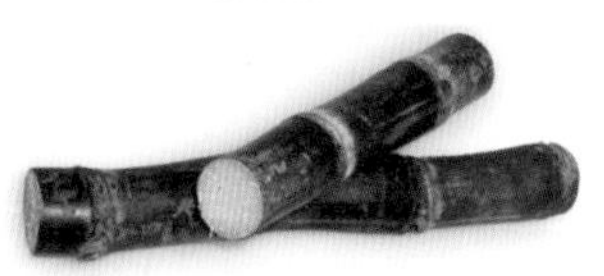

3 **甘蔗：**含糖量高，攝入過多會在體內產生大量熱量，多餘的熱量會在體內轉化為脂肪，不利於高血壓患者穩定病情。

4 **醃菜：**含有大量的鹽，多吃會加重心臟和腎臟負擔，導致血壓升高。

5 **即食麵：**油脂、鹽含量高，且含有大量添加劑，容易引起血壓升高。

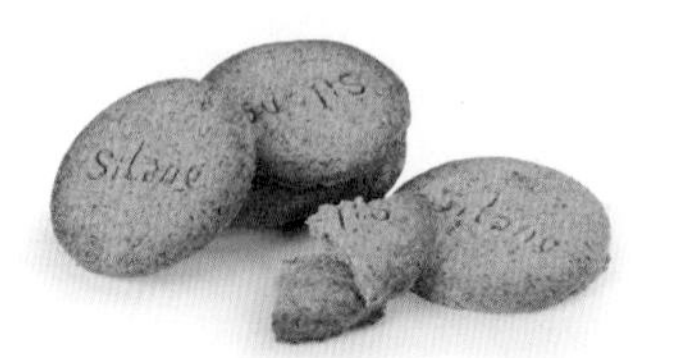

6 **餅乾：**在製作過程中會加入很多油脂，攝入過多的油脂，容易使血壓升高，對預防高血壓和心臟病不利。

7 **豬肝**：膽固醇含量較高，多吃會增加冠心病、高血壓等疾病的發病率。

8 **肥腸**：膽固醇、油脂含量豐富，多吃不利於穩定血壓，易導致動脈粥樣硬化。

9 **油條**：高熱量、高油脂，食用後不利於血壓的控制，容易發胖，故應慎食。

10 **濃茶**：喝濃茶會使人心率加快，增加心臟負擔，故高血壓患者應忌喝濃茶。

11 **香腸**：含有肥肉，飽和脂肪酸含量較高，熱量較高，且含鹽量也較高。有些香腸中還含有防腐劑等物質，故不宜多食。

12 **薯條**：油脂、鹽含量高，可導致由過量的鈉引起的血壓升高，故高血壓患者不宜食用薯條。

目錄

第1週

堅持低熱量飲食，保持理想體重 /30

堅持均衡飲食，適當增加降壓食材 /54

第3週

第4週

第三章

高血壓併發症飲食療法 /128

35 款養生茶，降壓、降糖、降血脂 /158

運動 /182

生活 /184

用藥及監測血壓 /187

第一章 高血壓患者如何安排日常飲食

高血壓是一種常見的慢性病，常會引起心、腦、腎等臟器併發症。由於初期症狀不明顯，高血壓常被人們稱為「無聲的殺手」。其實如果在高血壓早期充分重視，從飲食上注意調理，就可以控制病情的發展。

本章以飲食熱量的分配、飲食降壓的方法以及特殊人群需要特別注意的飲食方案為核心，幫助患者從飲食細節上規避高血壓帶來的危害。

高血壓患者一日三餐怎麼吃

治療高血壓和日常的飲食習慣密切相關，只有科學安排三餐飲食，再配合合理的藥物治療，才能從源頭上控制血壓。

控制熱量和體重是根本

對於高血壓人群，尤其是伴糖尿病、高脂血症等慢性病的高血壓患者，熱量的攝入是否合理非常重要。熱量攝入過多，就會加重病情；熱量攝入過少，又會導致營養素攝入不足。總之，熱量攝入過多或過少都不利於病情的控制。高血壓患者有必要瞭解自己所患高血壓的級別，以便合理控制血壓。

世界衛生組織建議判斷高血壓的標準是：凡正常成人收縮壓應小於 140 mmHg（毫米汞柱），舒張壓應小於 90mmHg。如果成人收縮壓和（或）舒張壓大於等於此數值，就可能患上了高血壓。一般高血壓分為 3 個級別，特別對於輕度高血壓來説，從飲食上儘早控制可以極大地緩解高血壓病情的發展。

高血壓分級：

（單位：毫米汞柱）

1 級高血壓（輕度）收縮壓 140~159mmHg 和（或）舒張壓 90~99mmHg
2 級高血壓（中度）收縮壓 160~179mmHg 和（或）舒張壓 100~109mmHg
3 級高血壓（重度）收縮壓 ≥180mmHg 和（或）舒張壓 ≥110mmHg
單純收縮期高血壓　收縮壓 ≥140mmHg 和舒張壓＜ 90mmHg

甚麼是熱量

營養學上所説的熱量，又叫熱能，是指食物中可提供熱能的營養素，經過消化道進入體內，在體內氧化分解，釋放出機體活動所需要的能量。

三步算出每日所需熱量

第一步：測算體重情況

理想體重（千克）= 身高（厘米）-105。當實際體重大於理想體重的 110% 時，為超重；當實際體重大於理想體重的 120% 時，為肥胖；當實際體重小於理想體重的 80% 時，則為消瘦。

第二步：判斷身體活動水平

不同身體活動水平，每天消耗的熱量不同。一般來説，每天臥床或久坐

不動，每日熱能需要量為 105 千焦 / 千克理想體重；辦公室工作、修理電腦或鐘錶、化學實驗操作等屬輕體力勞動，每日熱能需要量為 125 千焦 / 千克理想體重；學生日常活動、機動車駕駛員、電工安裝、車床操作、金工切割等屬中體力勞動，每日熱能需要量為 146 千焦 / 千克理想體重；非機械化農業勞動、煉鋼、舞蹈、裝卸、採礦等屬重體力勞動，每日熱能需要量為 167 千焦 / 千克理想體重。另外，要根據每天的家務、體育、交通、休閒等活動量進行適當調整。

第三步：算出 1 日所需總熱量

1 日需要的總熱量 =1 日每千克理想體重所需熱量 × 理想體重

舉例：一位患有高血壓的女士，身高 165 厘米，體重 75 千克，如果平日只買買菜、看看電視，那她一天需要攝入多少熱量呢？

❶ 測算體重情況：165-105=60（千克），這位女士實際體重為 75 千克，為理想體重的 125%，屬肥胖。❷ 判斷身體活動水平：平日只買買菜、看看電視屬輕體力活動，每日熱能需要量為 105 千焦 / 千克理想體重。❸ 算出 1 日總熱量：105×60=6300 千焦。因此，這位女士每日所需要的總熱量為 6300 千焦。

一般年齡 50 歲以上、運動量不大的高血壓患者，每日所需要的總熱量還可以適當減少 5%~10%，女性 7300 千焦左右，男性 8800 千焦左右。年紀輕、運動量較大的高血壓患者，每日所需要的總熱量，女性 8500 千焦左右，男性 10000 千焦左右。

建議飲食原則

若三餐不定時，饑飽無度，極有可能暴飲暴食，加劇高血壓等心血管疾病的發作。因此，要養成合理的飲食習慣，三餐要準時吃、適量吃。

肥胖是高血壓的重要誘因之一。平日吃得過飽會使血液集中於胃部，造成腦供血不足，促使脂肪堆積，導致肥胖發生。

高血壓患者應堅持三餐定時，可以每餐七八分飽，飲食要以清淡為主。

三餐如何分配

人體經過一夜睡眠，早晨時體內食物已消化殆盡，急需補充。如果早餐吃不好，午飯飯量必然大增，造成胃腸負擔過重，容易導致胃潰瘍、胃炎、消化不良等疾病。在起床後活動 30 分鐘，此時食慾最旺盛，是吃早餐的最佳時間。

午餐是一天中很重要的一餐，可適量選擇一些高熱量、高蛋白的食物。午餐除了應有充足的主食，還需富含優質蛋白質的副食，如豬瘦肉、豆製品等；以及富含維他命 C 的食物，如新鮮蔬菜等。白領族在吃午餐時，可選莖類蔬菜、適量豆腐、海帶等作為午餐的搭配。

晚餐比較接近睡眠時間，餐後的活動量也比白天大為減少，熱量消耗也降低很多，因此，晚餐不宜吃得過飽，「清淡」是晚餐應遵循的原則，還應多攝入一些新鮮蔬菜，儘量減少富含脂肪類食物的攝入，可適量選擇粥類或湯類食物、綠葉蔬菜及富含優質蛋白質的食物，如魚蝦、豬瘦肉、豆製品等。晚餐不宜食用各種油炸食物，以及高脂肪、高膽固醇、高熱量食物，如各式甜點、酒等。

加餐吃甚麼最合適

加餐最好不要吃油膩和難消化的食物，以免增加腸胃負擔。可以吃一點粗糧餅乾或一片全麥麵包，一杯脫脂牛奶或少量的水果也是不錯的選擇。

水果適宜在兩餐之間作為加餐食用，如選擇每天上午 9~10 點、下午 3~4 點進食。水果的主要成分是果糖和葡萄糖，進入小腸後會立刻被吸收。餐前進食水果，會降低食慾，影響正餐中蛋白質、生粉、脂肪等物質的攝入；餐後進食水果，會造成血糖濃度迅速升高，對於伴隨糖尿病的高血壓患者而言會增加胰腺負擔。

七大降壓飲食法

俗話說「病從口入」，高血壓和不良的生活方式有着密切的聯繫，而不良的生活方式中排在第一位的就是飲食不合理。

高血壓患者的飲食原則包括控制鈉鹽，減少脂肪的攝入，補充優質蛋白質和鈣、鉀離子，禁煙限酒等。改變不良的飲食方式，無論是對輕度高血壓還是對嚴重高血壓都有緩解作用。

減少食鹽攝入量

醫學研究證實，高血壓發病率與食鹽攝入量呈正相關。限制食鹽攝入量，可以提高降壓藥物的藥效。這裏說的食鹽，包括醬油、醃漬食品中的鹽。一般建議，輕度高血壓患者每日攝鹽量應在 5 克以下，而血壓較高的患者每日攝鹽量以 2~3 克為宜，以免引起血壓上升。如果飲食中攝入了醃菜、醬油，那麼就要減少食鹽的攝入量。建議高血壓患者在廚房中備一個帶有刻度的小鹽勺，從而更好地限制鹽分的攝入。避免高鈉飲食，少食含鈉鹽高的食物，如鹹菜以及各類炒製過的乾果。

適量攝入蛋白質

蛋白質是生命存在的物質基礎，是機體細胞的重要組成部分。對高血壓患者來說，禽類、魚類及大豆等食物，可提供優質蛋白，並減少飽和脂肪酸的攝入，有保護血管彈性、預防動脈粥樣硬化的作用。某些氨基酸，如精氨酸，是合成一氧化氮（NO）的前體，有利於血管舒張，可使血壓降低。

但是，蛋白質的攝入也要保持合理的量，每日攝入蛋白質的量以每千克體重 1 克為宜，特別是伴有糖尿病且腎功能受到損害的高血壓患者要避免過多攝取蛋白質。

補鈣，防治高血壓

人體鈣量充足時，可以增加尿鈉排泄，減少鈉對血壓的不利影響，有利於控制血壓。反之，人體缺鈣，會導致細胞外鈣內流，細胞內鈣增加，導致平滑肌細胞收縮，血管阻力增大，血壓升高。每日鈣攝入量低於 300mg 者與攝入量為 1200mg 者相比，患高血壓的概率明顯增高。鈉敏感的高血壓患者補充鈣後，降壓效果尤為顯著。因此，及早注意補充鈣質，對控制血壓是有幫助的。

及時補水

高血壓患者體內水分不足時，血液循環易受阻，補充人體所需水分可稀釋血液黏稠度，預防習慣性便秘，也有助於排出體內有害物質。因此，高血壓患者每天至少要喝 8 杯水（不少於 1600 毫升）。但不是一次性飲完，應適量分次飲用。早晨起床時血液較黏稠，最好喝一杯溫開水。

多食新鮮蔬菜和水果

高血壓患者要多吃新鮮的蔬果，水果和蔬菜中含有豐富的維他命、鈣、鎂、鉀及膳食纖維，有助阻止腸道對膽固醇的吸收，還能幫助人體排出多餘的鈉。

嚴格控制脂肪攝入量

有研究表明，脂肪佔膳食能量比例、飽和脂肪酸的攝入量與血壓成正相關。增加不飽和脂肪酸、減少飽和脂肪酸有利於降血壓。在攝入總脂肪不變的情況下，增加魚油和橄欖油的攝入比例，可降低血壓。此外，動物性脂肪含較多的飽和脂肪酸，易形成血栓，增加高血壓併發腦卒中（中風）的發病率。

因此，高血壓患者要減少飽和脂肪酸和膽固醇的攝入量，儘量選用植物性不飽和脂肪酸，嚴格限制攝入動物內臟、肥肉、魚籽等脂肪和膽固醇含量過高的食物，少吃油炸食物。

禁煙限酒

吸煙會損害人體各組織器官，會造成血壓正常者血壓升高和心率加快。煙草中的尼古丁（菸鹼）可使心肌收縮增強、心率加快，導致血管收縮、血壓升高。吸煙還會增加下肢血管缺血壞死的概率，導致血管內壁損傷。有證據表明，吸 1 支煙，可使收縮壓升高 10~30mmHg，若長期大量吸煙，如每日抽 30 支以上的香煙，人體的小動脈會持續性收縮，血管內膜會增厚，加速動脈硬化的形成，進而引起血壓升高。故戒煙是高血壓患者要遵守的重要原則之一。

過量攝入酒精會使外周血管收縮，增加外周血管的阻力，導致血壓升高。輕度高血壓患者可少量飲酒，偶爾喝點酒精含量低的葡萄酒，可軟化血管，對人體也有好處。但一般白酒中酒精含量相對較高，飲用白酒不僅不會活血降壓，反而會降低降壓藥的藥效。因此，高血壓患者要學會自我管理，做到戒煙限酒。

高血壓特殊人群的飲食方案

患高血壓的特殊人群除了需要從飲食上控制血壓外，還需要注意一些事項，如兒童輕度高血壓要早發現、早干預，對其一生的健康非常重要。

中老年高血壓

老年人隨着年齡的增長，血管硬化的程度增高，血壓也隨之升高。據統計，老年人的年齡愈大，其患高血壓的概率也愈高。

老年人高血壓常伴有其他危險因素，如糖尿病、高脂血症，再加上老齡本身就是危險因素；因此老年人一旦被診斷為高血壓患者，大多需要用藥物治療。目前，老年人收縮期高血壓的藥物療效遠不及中年人收縮壓、舒張壓都高的混合型高血壓的療效，老年高血壓患者常需用 3 種以上的降壓藥才能使血壓達標。

老年人高血壓以收縮壓升高為主，對心臟危害性更大，更易發生心力衰竭，同時也更易發生腦卒中（中風）。老年人舒張壓往往較低，脈壓增大。脈壓愈大，發生心腦血管病的危險愈大。

老年人如果得了高血壓，注意不要吃得過飽。由於老年人消化功能衰退，吃得過飽易引起消化不良，易發生急性胰腺炎、胃腸炎等疾病，同時過飽可使膈肌位置上移，影響心肺功能的正常運轉，加之消化食物需要大量的血液集中到消化道，心腦供血相對減少，有可能引發腦卒中。

妊娠高血壓

孕婦在妊娠 5 個月以後，如果出現水腫、血壓增高、蛋白尿，嚴重時有頭痛、頭暈，甚至抽搐等症狀，稱為妊娠高血壓綜合症，簡稱妊高症。

患妊高症的孕婦應注意調節飲食，積極控制熱量攝入和體重。孕期熱量攝入過高容易導致肥胖，而肥胖是妊高症的一個重要危險因素；所以孕期要適當控制食物的量，減少飽和脂肪酸的攝入量，相應增加不飽和脂肪酸的攝入，即少吃動物性脂肪，而以植物油代之。宜選用低飽和脂肪酸、低膽固醇的食物，如蔬菜、水果、全穀食物、魚、禽、瘦肉及低脂乳等，增加優質蛋白質的攝入。因妊高症患者尿中排出大量蛋白質導致血清蛋白偏低，久而久之會影響胎兒的發育，容易導致胎兒宮內發育遲緩，可多食入魚類、去皮禽類、低脂奶類、豆製品等含豐富優質蛋白質的食物。此外，魚類和豆類還可提供多不飽和脂肪酸以調整脂肪的代謝。

孕婦也要注意補充足夠的鈣、鎂和鋅。牛奶和奶製品含豐富而易吸收的鈣質，是補鈣的良好食物，以低脂或脫脂的奶製品為宜。孕婦應減少鹽的攝入量，一般建議每天食鹽的攝入量應少於 5 克。烹調菜餚需要加入醬油時，應相應減少食鹽的攝入量，少吃醃漬食品，如鹹菜、鹹魚、鹹肉、鹹蛋等。

兒童高血壓

許多人認為高血壓是成人病，尤其老年人得的多，其實現在高血壓患者呈現出愈來愈年輕化的趨勢。在肥胖兒童中，血壓偏高甚至確診是高血壓患者的孩子也愈來愈多。

兒童高血壓與飲食習慣有關。許多血壓偏高的孩子喜歡喝飲料，喜歡食用高鹽、高脂肪、高糖食物，這些都是引發兒童高血壓的危險因素。很多孩子不喜歡吃蔬菜，其實蔬菜的攝入是非常必要的；因此，家長可嘗試着將蔬菜做成菜泥或菜糊，和孩子喜歡吃的其他食物混合在一起，慢慢地讓孩子接受蔬菜的味道。

現在的孩子體育鍛煉愈來愈少，造成脂肪堆積，導致過度肥胖的兒童明顯增多。此外，課業繁重、學習壓力大、看情節激烈緊張的影視劇和長時間玩遊戲，都會使兒童處於緊張興奮狀態，也有可能導致血壓升高。

有研究發現，成人高血壓患者在其兒童時期已經存在高血壓的高危因素，如肥胖、不健康飲食等，導致成年後患高血壓的概率大大升高。孩子飲食要合理安排，飲食清淡少鹽，多食用蔬菜、水果；食用高脂肪、高膽固醇的食物要適量；飲食要儘量做到定時定量，防止偏食，少吃零食和甜食；鼓勵孩子多運動；父母不要給孩子太多壓力，在學習上勞逸結合，特別在考試期要情緒穩定，保持心情舒暢，避免精神負擔過重，以防血壓升高；禁止孩子吸煙、飲酒。

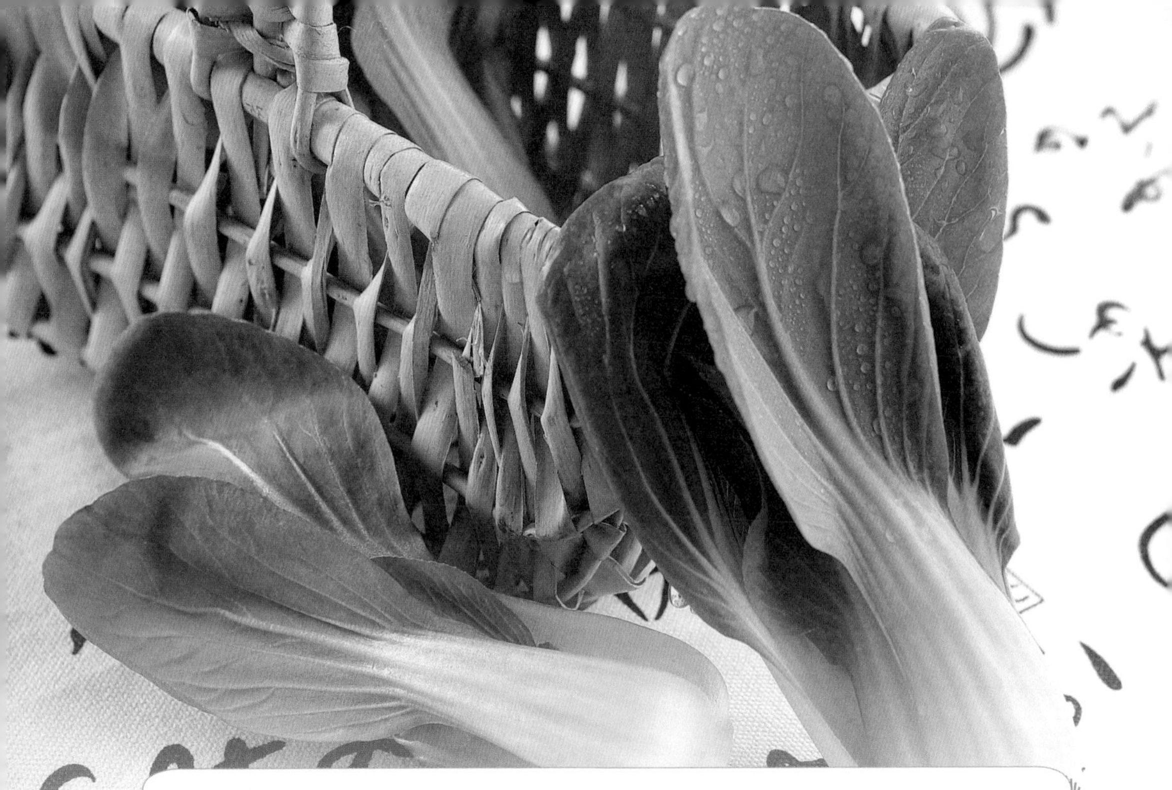

女性更年期高血壓

女性更年期往往會出現血壓波動，主要由於女性更年期卵巢功能下降，雌性激素分泌減少導致內分泌失調，這些生理因素可導致睡眠不好、情緒不穩、煩躁易怒等。因此血壓波動是更年期綜合症中的症狀之一。

女性更年期高血壓主要特點以收縮壓升高為主，很多患者伴有頭昏、頭脹、耳鳴、健忘、失眠多夢、煩躁、注意力不集中等症狀。女性更年期高血壓從飲食上應注意以下幾個方面：

1. 控制食鹽攝入。高血壓患者要特別注意飲食中的隱性鹽，如即食麵、香腸、腐乳等高鈉食物應儘量少食用。

2. 限制含糖量高的食物。不少女性在進入更年期後，由於缺少運動，容易出現熱量攝入過多的情況，所以要少吃蛋糕、點心等。

3. 多吃新鮮蔬菜。更年期女性還應該在平時注意對新鮮蔬菜的攝入，像芹菜、豆角以及番茄等，不僅美容瘦身，還有益於緩解高血壓症狀。

4. 積極鍛煉身體。運動不僅有利於改善骨質疏鬆症狀，還可極大改善抑鬱情緒。

藥物導致的高血壓

醫學研究表明，有些藥物可以導致高血壓，稱為藥源性高血壓。如口服避孕藥可能導致血壓升高，因為避孕藥裏含有雌性激素和孕激素。研究認為，血壓升高與藥物造成交感神經亢進、腎性水鈉瀦留、血管緊張素增加、氧自由基增加等有關，導致血壓升高的藥物有以下幾類：

1. 含鈉類的藥物：如生理鹽水。
2. 激素類藥物：如糖皮質激素、潑尼松、地塞米松。
3. 抗抑鬱藥：如三環類抗抑鬱藥。
4. 血管收縮劑：如麥角胺。
5. 腎毒性藥物：如化療藥物。
6. 中草藥：如人參、甘草。

儘管導致血壓升高的藥物有很多，但並不是所有服用這些藥物的人都會血壓升高。一般來説，年齡較大（大於 45 歲）、肥胖、有高血壓家族史、伴有糖尿病或腎病的高血壓人群比較敏感，相對容易因為藥物使用不當而引起血壓升高。

專家定制 4 週
降壓飲食方案

高血壓是慢性病，也是一種可因不良生活方式導致的疾病。醫學和營養學研究證實，許多營養元素，如鈉、鉀、鈣、鋅，以及脂肪、膽固醇、蛋白質及食物中的其他營養成分都同高血壓發病有關，所以高血壓患者一日三餐的飲食就非常重要。但只要掌握幾個基本原則，高血壓患者也可以在控制疾病的同時享受美味。

本章以高血壓患者的飲食宜忌為原則，如減少熱量攝入，增加降壓食材，堅持高膳食纖維飲食，限制食用高脂肪、高膽固醇食物，制定了適合高血壓人群的「4 週菜譜」。食療降血壓從此刻開始吧！

第 1 週

原發性高血壓發病與肥胖密切相關，通過減重可使28%~40%患者的血壓降下來。所以高血壓患者應堅持低熱量飲食，減輕體重。

堅持低熱量飲食，保持理想體重

對於高血壓人群來説，日常飲食中如果攝入的熱量過多，容易導致肥胖。肥胖人群容易患上高血壓，特別是腹部肥胖者患高血壓的概率比體重正常者高許多倍。所以，在保證營養素合理攝入的基礎上堅持低熱量飲食，有利於病情的控制。

高血壓也與人體脂肪分佈密切相關。如果男性腰圍 ≥90 厘米，女性腰圍 ≥85 厘米，發生高血壓的概率也比正常腰圍的人群大很多；所以，對於肥胖人群來説，通過減肥控制體重，不僅可以降低血壓，還可以降低併發症的發病率。

第 1 週

降壓食譜清單

生活
起床時動作一定不要太猛。

運動
每天散步或慢跑 30 分鐘。

保健
切忌降壓藥「高吃低停」。

對高血壓患者來說，控制飲食的總熱量至關重要，不僅要在本週堅持低熱量飲食，而且在以後的日常飲食中也要如此，這是因為低熱量飲食會輔助高血壓患者控制體重增長，進而起到平衡血壓和減少其他相關疾病的作用。

	早餐	午餐	晚餐	加餐
星期一	小米煎餅 小米綠豆粥	豌豆鱈魚丁 芹菜紅蘿蔔炒冬菇 田園馬鈴薯餅	涼拌萵筍絲 蘆筍煮雞絲 清炒通菜 （主食自配）	核桃梳打餅 西柚楊梅汁
星期二	莧菜粟米粥	紅豆糯米飯 芹菜炒豆腐乾	涼拌蕎麥麵 涼拌苦瓜	蘋果 1 個
星期三	牛奶瓜子仁豆漿 番薯餅	蒜泥茄子 粟米鬚蚌肉湯 涼拌木耳 清蒸帶魚 （主食自配）	涼拌芹菜 黃芪燉母雞 西梨羹 （主食自配）	菠蘿蘋果汁 花旗參蕎麥粥
星期四	番薯小米枸杞粥	小米排骨飯 鮑魚菇蘆筍餅	萵筍炒山藥 水煮毛豆 （主食自配）	乳酪 1 杯
星期五	粟米煎餅	山藥燉鯉魚 西蘭花燒雙菇 （主食自配）	雞絲炒豆角 芹菜萵筍豆漿 （主食自配）	橙 1 個
星期六	雞蛋羹 牛奶洋葱湯	馬鈴薯拌海帶絲 全麥紅棗飯 茄子炒牛肉	炒蓧麵魚兒 冬菇燉竹笙	橘子山楂汁 核桃仁蓮藕湯
星期日	海鮮炒飯	雙色花菜湯 燉五香大豆 （主食自配）	菠菜三文魚餃子 芹菜汁	全麥麵包 1 片

萵筍：

萵筍含鉀豐富，含鈉量低，有利於保持體內水鹽的平衡，維持血壓穩定。

粟米：

粟米所含的亞油酸和維他命 E 可保持血管彈性，從而降低血壓。

西蘭花：

西蘭花中維他命 C 和葉綠素含量都很高，抗氧化作用強，可清除自由基，能有效調節血壓。

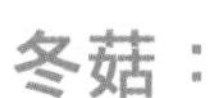

冬菇：

冬菇中所含的有益成分可促進膽固醇的分解和排出，改善動脈硬化並使血壓降低。

大豆：

含有特殊成分——大豆異黃酮，具有降低血壓和膽固醇的作用。尤其富含大豆蛋白，有很好的輔助降壓作用，可預防高血壓和血管硬化。

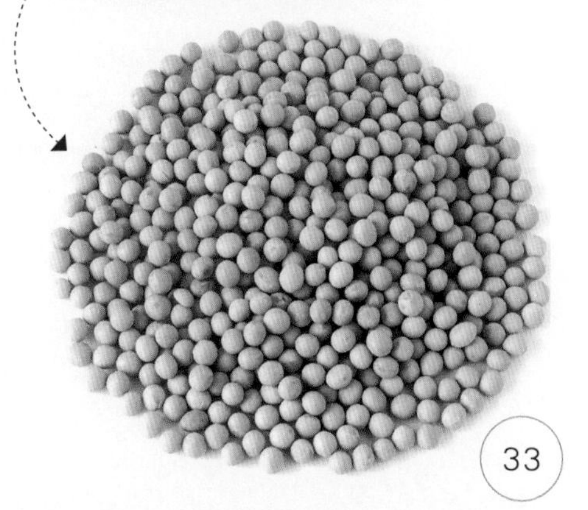

星期一 Mon.

健康食譜

高血壓患者一天的飲食中，既要兼顧穀類、肉類、蛋類、奶類、蔬菜、水果等營養均衡原則，又要控制食物總熱量。為此專家特別定制了本週菜譜。

大豆富含膳食纖維和鉀，控制血壓效果好。

早餐 小米煎餅

材料：小米100克，大豆粉50克，酵母粉、鹽各適量。

做法：①所有材料加水攪成麵糊。

②不黏鍋中刷油，小火加熱。取少量麵糊揉圓，貼在鍋中按成餅，待一面可輕鬆晃動後翻另一面，烤熟即可。

綠豆含有豐富的膳食纖維。

早餐 小米綠豆粥

材料：綠豆100克，小米80克。

做法：①小米、綠豆分別洗淨，泡30分鐘備用。

②鍋中加水，放入小米、綠豆，大火煮沸。

③轉用小火煮至豆熟粥稠即可。

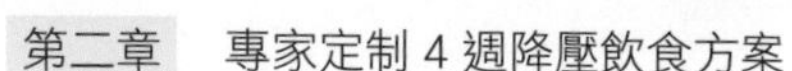

鱈魚中的鎂、鉀、磷元素能保護心腦血管。

午餐 豌豆鱈魚丁

材料： 豌豆 40 克，鱈魚 80 克，鹽適量。

做法： ①鱈魚去皮，去骨，切丁；豌豆洗淨，焯水。

②油鍋燒熱，倒入豌豆翻炒片刻，再倒入鱈魚丁，加鹽，待鱈魚丁熟透即可。

芹菜中的黃酮類物質、膳食纖維對降壓有益。

午餐 芹菜紅蘿蔔炒冬菇

材料： 芹菜 200 克，紅蘿蔔 120 克，冬菇 80 克，鹽適量。

做法： ①原材料洗淨。芹菜切段，紅蘿蔔切片，冬菇去蒂切塊。

②油鍋燒熱，放入芹菜段、紅蘿蔔片、冬菇塊炒熟，加鹽調味即可。

馬鈴薯中含有豐富的鉀，常食可降壓減肥。

午餐 田園馬鈴薯餅

材料： 馬鈴薯 200 克，青椒末、紅蘿蔔末各 50 克，沙律醬、生粉各適量。

做法： ①馬鈴薯去皮，洗淨，切塊，煮熟後壓成泥。

②青椒末、紅蘿蔔末、沙律醬倒入馬鈴薯泥中拌勻。

③把混合好的馬鈴薯泥擀成餅狀，裹上生粉，入油鍋煎熟即可。

萵筍含豐富的鉀，有利於調節體內鈉的平衡。

晚餐 涼拌萵筍絲

材料： 萵筍300克，紅椒絲、鹽、蒜末、麻油、醋各適量。

做法： ①萵筍去皮，洗淨，切絲，加鹽略醃。出水後，把水擠淨，入盤。

②按個人口味加入調料，再撒上紅椒絲即可。

蘆筍含有大量維他命P，對維護毛細血管彈性有益。

晚餐 蘆筍煮雞絲

材料： 蘆筍150克，雞肉100克，鹽、生粉、麻油各適量。

做法： ①雞肉洗淨，切絲，加鹽、生粉拌勻醃製；蘆筍焯水，瀝水，切段。

②將雞絲入沸水中煮熟；再放入蘆筍煮沸，加鹽調味，淋入麻油即可。

晚餐 清炒通菜

材料： 通菜200克，蒜末、鹽、麻油各適量。

做法： ①將通菜擇洗乾淨，切段。

②油鍋燒熱，放入蒜末炒香。

③下通菜炒至剛八分熟，加鹽翻炒。

④淋麻油，裝盤即可。

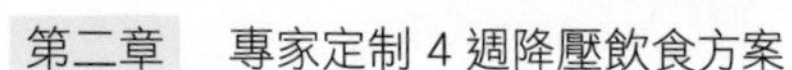

核桃健腦，特別適合高血壓併發腦卒中（中風）的人食用。

加餐 核桃梳打餅

材料：低筋麵粉 150 克，黑豆粉 20 克，碎核桃仁 10 克，橄欖油 10 毫升，乾酵母粉、蘇打粉、鹽各適量。

做法：①將黑豆粉加適量水放入鍋中煮至微熱後，加入乾酵母粉混合均勻。

②低筋麵粉中加入鹽、蘇打粉、碎核桃仁、橄欖油混合均勻；將酵母黑豆糊加入，和成麵糰。

③將麵糰擀成麵餅，用餅乾模具做成各種形狀。

④將餅乾坯放入預熱至 190℃的焗爐中，烤製 10 分鐘即可。

西柚富含柚皮苷，能降低血液黏稠度。

加餐 西柚楊梅汁

材料：西柚 200 克，楊梅 100 克，白糖適量。

做法：①西柚去皮榨汁。

②楊梅洗淨，用鹽水浸泡 1 小時，沖洗後放入鍋中，加白糖醃出汁。

③在鍋中加入楊梅和水，小火煮沸後關火，放涼後和西柚汁混合即可。

星期二 Tue.

健康食譜

粗糧，如紅豆、薏米，不僅含有豐富的膳食纖維，而且礦物質含量也很豐富，特別適合高血壓併發糖尿病和高脂血症的人群食用。攝入的膳食纖維還可延緩葡萄糖吸收的速度，有利於病情的控制。

莧菜含有多種維他命和膳食纖維。

早餐 莧菜粟米粥

材料：鮮粟米粒 80 克，莧菜 150 克，鹽適量。

做法：①鮮粟米粒和莧菜分別洗淨。

②鍋中加水，放入鮮粟米粒煮沸，轉小火熬製。

③待粟米粒熟透後放入莧菜，調入鹽，稍煮即可。

降脂降壓

紅豆富含膳食纖維和豆固醇等，可有效降低血清中膽固醇含量。

午餐 紅豆糯米飯

材料：紅豆 25 克，糯米 100 克。

做法：①紅豆、糯米洗淨，提前浸泡 1~2 個小時。

②紅豆、糯米加水蒸成米飯即可。

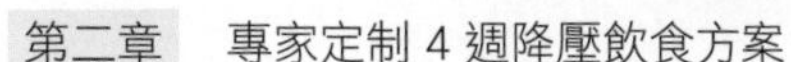

豆腐乾中的大豆蛋白能很好地降低血脂。

午餐　芹菜炒豆腐乾

材料： 芹菜 150 克，豆腐乾 100 克，鹽適量。

做法： ①芹菜去葉洗淨，切段；豆腐乾切條。

②油鍋燒熱，放入芹菜段、豆腐乾條一起翻炒至熟，加鹽調味即可。

蕎麥含有豐富的蘆丁和煙酸，可軟化血管、降血糖。

晚餐　涼拌蕎麥麵

材料： 蕎麥麵條 80 克，熟雞絲、蠔油、醋、鹽各適量。

做法： ①蕎麥麵條煮熟後，過冷水，瀝乾盛盤。

②將所有調味料倒在麵上拌勻，撒上熟雞絲即可。

晚餐　涼拌苦瓜

材料： 苦瓜半個，麻油、鹽各適量。

做法： ①苦瓜洗淨，對半切開，去掉苦瓜瓤，在沸水中焯燙。

②將苦瓜放入涼開水中浸涼撈出，瀝乾水分，斜刀切片盛盤。

③加入鹽、麻油，拌勻即可。

星期三 Wed.

健康食譜

高血壓患者儘量少食用肥肉、動物肝臟等脂肪高和膽固醇高的食物，可經常食用豆製品、牛奶、魚肉等。平常多以清蒸和涼拌代替紅燒，可以減少油脂的攝入，有利於緩解病情。

牛奶含有豐富的鈣，對降低血壓有益。

早餐 牛奶瓜子仁豆漿

材料： 大豆 30 克，牛奶 200 毫升，瓜子仁適量。

做法： ①大豆提前浸泡，洗淨。

②將牛奶和大豆、瓜子仁一起放入豆漿機裏打成豆漿即可。

番薯富含膳食纖維，可延緩胃排空時間，阻止糖分轉化為脂肪。

早餐 番薯餅

材料： 番薯 100 克，麵粉適量。

做法： ①番薯放入蒸鍋，大火隔水蒸熟，取出後去皮，趁熱壓成泥。

②在番薯泥中放入麵粉、水拌勻，按成餅狀。

③平底鍋中放入少量植物油，放入做好的餅坯，小火兩面煎熟，裝盤即可。

大蒜中的蒜素可降低血膽固醇，茄子中的膳食纖維可阻礙膽固醇吸收。

午餐　蒜泥茄子

材料： 茄子 200 克，蒜末、麻醬、麻油、鹽各適量。

做法： ①茄子洗淨，切條，入鍋蒸 15~20 分鐘，取出放涼。

②把蒜末、麻醬、鹽、麻油拌勻，倒在茄子上即可。

降壓降糖

用粟米鬚煮湯有利尿消腫的功效。

午餐　粟米鬚蚌肉湯

材料： 粟米鬚 50 克，鮮河蚌 300 克，鹽適量。

做法： ①粟米鬚洗淨。

②鮮河蚌用開水略煮沸，去殼取肉，切片。

③把粟米鬚、河蚌肉一起放入鍋內，加清水大火煮沸，轉小火煮 1 個小時，加鹽調味即可。

木耳具有預防動脈粥樣硬化的功效。

午餐　涼拌木耳

材料： 乾木耳、蒜末、芫荽末、麻油、鹽各適量。

做法： ①乾木耳泡發，去蒂，撕成小朵，放入沸水中煮 3~5 分鐘，撈出，瀝乾盛盤。

②木耳加鹽、麻油拌勻，撒上蒜末、芫荽末即可。

午餐

清蒸帶魚

帶魚中豐富的鎂元素對心血管系統有很好的保護作用。

材料：帶魚 250 克，葱段、薑片、料酒、蒸魚豉油、鹽各適量。

做法：①帶魚清洗後切段，表面切「十」字花刀。

②擺入盤中，加入鹽、葱段、薑片、料酒醃製 10 分鐘左右，撈出葱薑，加蒸魚豉油。

③入蒸鍋蒸熟。關火後再焗 2~3 分鐘即可。

晚餐

涼拌芹菜

芹菜含降壓成分，高血壓患者可常吃。

材料：芹菜 250 克，紅椒絲、麻油、鹽各適量。

做法：①芹菜洗淨，切段。

②芹菜焯燙，瀝乾水分，倒入鹽、麻油拌勻，撒上紅椒絲即可。

晚餐

黃芪燉母雞

黃芪補氣，含有的黃芪苷可調節血壓。

材料：山藥 20 克，母雞 250 克，黃芪、料酒、鹽各適量。

做法：①山藥去皮，洗淨，切塊。

②母雞洗淨，放入鍋中，放入黃芪、料酒，加適量水煮至八成熟，再放入山藥塊、鹽，燉至雞肉熟爛即可。

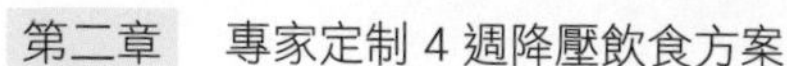

梨中含有豐富的水分和鉀元素，有利尿功效。

晚餐 西梨羹

材料：梨 1 個（約 200 克），番茄 1 個。

做法：①將梨洗淨，去皮、去核；番茄洗淨，去皮。

②將梨和番茄切成小碎丁，放入高壓鍋裏加水煮 15 分鐘即可。

降低膽固醇

菠蘿含有大量的鉀，利於排出體內過剩的鈉，降低血壓。

加餐 菠蘿蘋果汁

材料：菠蘿 100 克，蘋果 1 個。

做法：①菠蘿去皮，洗淨切成小塊，蘋果去皮切塊。

②菠蘿塊、蘋果塊加適量涼開水榨汁即可。

加餐 花旗參蕎麥粥

材料：花旗參 3 克，蕎麥 100 克。

做法：①將花旗參洗淨後浸泡一夜，切碎；蕎麥提前浸泡 2 小時。

②在砂鍋中放入蕎麥、花旗參及浸泡花旗參的水，大火燒沸。

③轉小火熬至蕎麥熟即可。

星期四 Thu.

健康食譜

小米、番薯和山藥不僅有健脾的功效，而且能防止肥胖，對高血壓併發糖尿病的人群而言也是非常理想的食材。蔬菜中的萵筍還有利尿、降血壓的功效，可以經常食用。

早餐 番薯小米枸杞粥

材料： 番薯50克，小米100克，枸杞子適量。

做法： ①番薯去皮，洗淨，切小塊；枸杞子洗淨；小米淘洗乾淨。
②番薯塊、枸杞子、小米放入鍋中，熬熟即可。

降糖降壓

排骨可提供優質的蛋白質。

午餐 小米排骨飯

材料： 小米100克，料酒、生抽、八角、花椒、葱花、排骨、鹽各適量。

做法： ①小米洗淨備用；排骨洗淨。
②排骨入沸水汆燙，再放入炒鍋內，加料酒、生抽、八角、花椒、鹽炒至半熟，挑出八角、花椒。
③將排骨和小米一起放入電飯煲中煮成飯，撒上葱花即可。

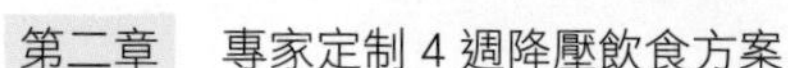

常食蘆筍有利擴張血管、降壓。

午餐 鮑魚菇蘆筍餅

材料： 鮑魚菇、鮮蘆筍各 150 克，麵粉 450 克，麻油、鮮湯、鹽各適量。

做法： ①鮮蘆筍洗淨切小丁；鮑魚菇洗淨切片；麵粉加水攪拌成糊。

②油鍋燒熱，入鮑魚菇、蘆筍翻炒，放鮮湯、鹽、麻油，拌勻攪成餡備用。

③另起油鍋，倒入麵糊，攤成薄麵皮，將備用餡料倒在麵餅上煎熟即可。

降糖降壓

萵筍可利尿消腫，降血壓。

晚餐 萵筍炒山藥

材料： 山藥、萵筍、紅蘿蔔各 100 克，鹽、胡椒粉、白醋各適量。

做法： ①山藥、萵筍、紅蘿蔔分別去皮，洗淨，切長條，用水焯一下。

②油鍋燒熱，放入山藥條、萵筍條、紅蘿蔔條炒熟，加鹽、胡椒粉、白醋調味即可。

毛豆中的蛋白質含量豐富。

晚餐 水煮毛豆

材料： 毛豆 350 克，花椒 5 克，鹽適量。

做法： ①將毛豆洗淨，瀝去水分，用剪刀剪去兩端的尖角。

②將剪好的毛豆放入鍋中，加入花椒和鹽，加清水與毛豆平齊。

③用大火加蓋煮 20 分鐘後撈出，裝盤即可。

星期五 Fri.

健康食譜

雞肉、魚肉等不僅含有豐富的蛋白質，脂肪含量也很低，和粗糧搭配食用不僅美味，而且能保證營養互補。西蘭花和魚類食物中還含有豐富的硒元素，硒對心臟有保護功能，還可降低膽固醇，增強人體免疫力。

常吃粟米可減少心血管併發症的發病率。

早餐 粟米煎餅

材料：小麥麵粉 30 克，細粟米麵粉 60 克。

做法：①將小麥麵粉和粟米麵粉混合在一起，加水拌成糊狀。

②將麵糊靜置 15~20 分鐘（靜置的作用是為了讓麵糊更加細膩，煎餅更有韌性、更薄、更好吃）。

③油鍋燒熱，放入麵糊攤成煎餅即可。

降糖降壓

午餐 山藥燉鯉魚

材料：鯉魚 1 條，山藥 100 克，葱花、薑片、鹽、料酒各適量。

做法：①山藥去皮，洗淨切片；鯉魚去鱗及內臟，收拾好，洗淨。

②油鍋燒熱，放入鯉魚煎至皮色略黃。

③鍋內加入山藥片、料酒、薑片、鹽、水，中火煮至魚、山藥熟，放葱花略煮即可。

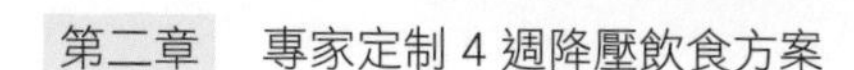

西蘭花中的葉黃素和槲皮素可保護心血管。

午餐　西蘭花燒雙菇

材料： 西蘭花 300 克，鮑魚菇、冬菇各 50 克，鹽、蠔油、生粉、原味雞汁各適量。

做法： ①將西蘭花洗淨掰塊，鮑魚菇、冬菇洗淨切片。

②油鍋燒熱，放西蘭花、鮑魚菇片、冬菇片，加入蠔油、原味雞汁，小火煨 5 分鐘。加鹽調味，用生粉勾薄芡即可。

晚餐　雞絲炒豆角

材料： 雞胸肉 100 克，豆角 200 克，醬油、生粉、鹽各適量。

做法： ①將雞肉切絲，撒生粉上漿，加少許油拌勻；豆角洗淨，切寸段，沸水焯熟備用。

②油鍋燒熱，加入雞絲、豆角段炒熟，加入醬油、鹽炒勻至入味即可。

芹菜能起到降血脂的作用。

晚餐　芹菜萵筍豆漿

材料： 芹菜 250 克，萵筍 100 克，大豆 30 克。

做法： ①芹菜洗淨去葉，切段；萵筍洗淨切丁；大豆浸泡 3 小時。

②芹菜段、萵筍丁、大豆放入豆漿機裏加水榨汁即可。

星期六 Sat.

健康食譜

高血壓患者每天要保證食物攝入的多樣性，蔬菜、水果、五穀雜糧均衡搭配，宜適當多吃青紅椒、紅蘿蔔、芹菜、菠菜、蘋果等顏色比較鮮豔的蔬菜和水果。

可加入芹菜丁、萵筍丁等降壓食材。

早餐 雞蛋羹

材料： 雞蛋 2 個，麻油適量。

做法： ①雞蛋打散，用濾網濾去雞蛋上的泡沫。

②在雞蛋液中加入 150 毫升左右的溫水，攪拌均勻，放入蒸鍋，隔水用中大火蒸 15 分鐘左右，淋上麻油即可。

降糖降壓

洋葱中含有較多有機硫化合物，有抗動脈粥樣硬化的功效。

早餐 牛奶洋葱湯

材料： 洋葱 100 克，鮮牛奶 200 毫升，鹽適量。

做法： ①洋葱洗淨切絲。

②洋葱絲入油鍋炒香，加少量水，轉小火慢慢熬出洋葱的甜味。

③待洋葱軟爛後，加入牛奶煮沸，加鹽調味即可。

海帶富含碘及岩藻多糖，可清除血管壁上的膽固醇，消脂降壓。

午餐　馬鈴薯拌海帶絲

材料：鮮海帶 150 克，馬鈴薯 100 克，蒜末 5 克，醬油、醋、鹽、辣椒油各適量。

做法：①馬鈴薯洗淨，去皮切絲，放入沸水鍋中略焯，控乾水分盛盤。海帶用熱水焯燙後切成絲，放入盛馬鈴薯絲的盤中。

②將蒜末、醬油、醋、鹽和辣椒油同時放入碗內勾兑成味汁，淋入馬鈴薯絲和海帶絲中拌勻即可。

粗糧中的膳食纖維和蛋白質不僅利於降壓，常吃還可減肥。

午餐　全麥紅棗飯

材料：大麥、蕎麥、燕麥、小麥、粳米各 40 克，紅棗適量。

做法：①大麥、蕎麥、燕麥、小麥洗淨，浸泡 2 小時，瀝乾；粳米洗淨，瀝乾；紅棗洗淨去核。

②將所有材料放入鍋中，加適量水煮成飯即可。

午餐　茄子炒牛肉

材料：茄子 200 克，牛肉 100 克，蒜末、芫荽段、鹽、粟米生粉各適量。

做法：①茄子洗淨切片；牛肉切片，加少許粟米生粉拌勻。

②油鍋燒熱，放蒜末，下茄子片，炒熟鏟起。

③另起油鍋，牛肉片炒熟，加入茄子片、鹽炒勻，盛盤撒上芫荽段即可。

篠麥中含有較多的亞油酸，具有降低血液膽固醇、預防動脈粥樣硬化的作用。

晚餐 炒筱麵魚兒

材料： 筱麵 200 克，紅蘿蔔、萵筍各 50 克，乾冬菇 10 克，乾辣椒、薑末、鹽各適量。

做法： ①將萵筍、紅蘿蔔、泡發好的冬菇切丁；用開水將筱麵和成麵糰，搓成細長條，呈小魚狀。

②將搓好的麵魚兒平鋪在蒸屜中，大火蒸8分鐘，取出備用。

③油鍋燒熱，先爆香薑末、乾辣椒，再將萵筍丁、紅蘿蔔丁、冬菇丁倒入鍋中翻炒。

④翻炒均勻後放入筱麵魚兒，加鹽，炒勻裝盤即可。

冬菇含有豐富的食物纖維，經常食用能抑制體內膽固醇上升，起到降血壓功效。

晚餐 冬菇燉竹笙

材料： 冬菇、筍片、竹笙各 50 克，火腿片 20 克，生粉水、高湯、醬油、鹽各適量。

做法： ①竹笙切去兩頭，洗淨，切段；將冬菇去雜質，洗淨切厚片。

②油鍋燒熱，將竹笙段、冬菇片、筍片一起下鍋略炒片刻。

③加醬油、鹽炒一會兒，再加高湯燒沸後，改為小火燜至竹笙熟而入味。

④用生粉水勾芡，放入火腿片即可。

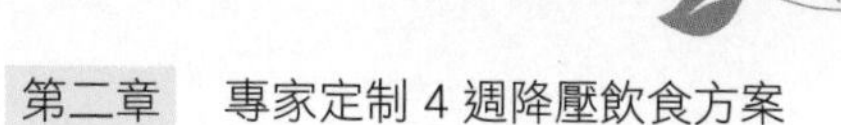

山楂中含有三萜類等藥物成分，具有顯著的擴張血管及降壓作用。

加餐 橘子山楂汁

材料： 橘子 150 克，山楂 100 克，白糖適量。

做法： ①橘子去皮，榨汁。
②山楂洗淨，入鍋，加入 200 毫升水煮爛，取汁，與橘汁混合，加入白糖調味即可。

核桃含不飽和脂肪酸，可預防動脈硬化和高血壓。

加餐 核桃仁蓮藕湯

材料： 蓮藕 100 克，核桃仁 10 克。

做法： ①將蓮藕去皮洗淨，切片；加適量清水熬湯。
②加核桃仁即可。

星期日 Sun.

健康食譜

高血壓患者飯前不妨先喝一小碗去油高湯，這類湯熱量較低，喝湯後再食用些清淡的蔬菜，如葉菜、瓜類等低熱量蔬菜。如果採用涼拌或水煮方式，就可以最大程度減少食用油的攝入量。

蝦仁、雞蛋可為人體提供優質的蛋白質。

早餐 海鮮炒飯

材料： 蝦仁 50 克，雞蛋 1 個，米飯 1 碗，青瓜丁、紅蘿蔔丁、熟豌豆、鹽各適量。

做法： ①將雞蛋打散，入油鍋炒熟。

②另起油鍋，放入蝦仁炒熟。加米飯、鹽繼續翻炒後，放入炒好的雞蛋、青瓜丁、紅蘿蔔丁、熟豌豆，炒勻盛盤即可。

西蘭花裏維他命 C、硒元素含量豐富，利於降壓。

午餐 雙色花菜湯

材料： 椰菜花、西蘭花各 100 克，蝦米 10 克，高湯、鹽、麻油、胡椒粉各適量。

做法： ①椰菜花與西蘭花分別洗淨，切塊；蝦米泡開。

②湯鍋中放入高湯、蝦米，將西蘭花和椰菜花放入高湯中煮熟，加入鹽、麻油、胡椒粉調味即可。

大豆含鎂元素豐富，有助於防治腦卒中（中風）。

午餐　燉五香大豆

材料： 大豆 400 克，葱花、薑末各 10 克，花椒、桂皮、八角各 5 克，鹽、麻油各適量。

做法： ①將大豆淘洗乾淨，用溫水浸泡。

②鍋中放入清水和大豆燒沸，撇淨浮沫，撒入八角、花椒、桂皮、葱花和薑末。

③用小火燉至熟爛，加入鹽燒至入味，淋上麻油即可。

降低膽固醇

晚餐　菠菜三文魚餃子

材料： 三文魚丁 100 克，菠菜碎 250 克，麵粉 200 克，雞蛋 2 個，胡椒粉、薑末、鹽各適量。

做法： ①在三文魚丁中加入胡椒粉、薑末、菠菜碎、鹽，攪拌均勻成餡料。

②在麵粉中加入雞蛋、適量水，揉成麵糰，做成餃子皮，包入餡料。

③在鍋中放適量水，大火燒開，放餃子，煮熟裝盤即可。

常吃芹菜可緩解高血壓引起的頭痛、頭暈等症狀。

晚餐　芹菜汁

材料： 芹菜 200 克。

做法： 將芹菜去葉洗淨，切段，焯燙 2 分鐘，取出後切碎，放入榨汁機榨汁即可。

第 2 週

在均衡飲食的基礎上，高血壓患者可增加降壓食材的攝入，多補充維他命和礦物質。多吃新鮮蔬菜、水果及菌菇類食物，儘量保證每天都攝入一定的量，還要適當攝入豬瘦肉、奶製品、豆類等食材，做到飲食結構合理。

堅持均衡飲食，適當增加降壓食材

按照合理比例，廣泛攝入各類宜食食物，包括穀類、蔬菜和水果、豆類製品、奶類製品，才能達到營養均衡，滿足人體各種營養需求。

穀類是每日飲食的基礎，提倡適量食用粗糧和雜糧。每日可進食 50 克瘦肉，至少進食 300 克蔬菜和 2 種水果。多食用紅、黃和深綠色的蔬菜。

水果和蔬菜的品種較多，而且多數蔬菜和水果的維他命、礦物質、膳食纖維等物質含量較高，故推薦「每餐有蔬菜，每日吃水果」。但切記，蔬菜、水果不能相互替代。

第2週

降壓食譜清單

生活
早晨喝一杯溫開水。

運動
多騎自行車和打太極拳。

保健
衣服、鞋襪以寬鬆舒適為宜。

高血壓患者飲食要清淡，控制脂肪的攝入，烹調最好選用植物油，少用動物油。高血壓患者可以多吃綠葉蔬菜和低糖水果，蔬菜水果中含有的鉀等礦物質元素可幫助患者降低血壓。

	早餐	午餐	晚餐	加餐
星期一	蓮子八寶豆漿 山藥燕麥餅	牛肉蘿蔔湯 燈籠椒炒雞蛋 洋葱炒肉片 雙紅飯 蔬菜雜炒	芹菜粥 蝦米冬瓜 蒜蓉炒生菜	赤小豆粟米鬚湯
星期二	蘆筍粥	南瓜粟米餅 番茄豆角炒牛肉	清蒸枸杞鴿肉 涼拌金菇 （主食自配）	番茄1個
星期三	檸檬煎鱈魚 李子粥	清蒸黃魚 地黃麥冬煮鴨 洋葱燉羊排 煎番茄 （主食自配）	韭菜炒蝦 清炒莧菜 三絲牛肉湯 （主食自配）	豆腐絲拌芹菜 雪梨三絲
星期四	洋葱粥	雞肉扒小棠菜 通菜炒肉絲 （主食自配）	小葱拌豆腐 核桃五味子羹	牛奶1杯
星期五	馬蹄豆漿 紫椰菜沙律	番茄炒牛肉 菠菜蒟蒻湯 涼拌紫椰菜 木耳蒸鯽魚 （主食自配）	山楂薏米綠豆粥 熗拌豌豆苗 山藥燉烏雞 薑汁豆角	粟米葡萄豆漿
星期六	奇異果西米粥	檸檬鱈魚意麵 番茄三文魚	西芹鱈魚 雙菇湯 （主食自配）	乳酪1杯
星期日	三花粟米餅	五香牛肉 炸茄餅	黑米雞肉粥	豆漿1杯

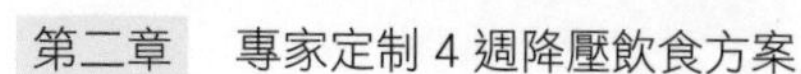

洋葱：

洋葱中的前列腺素可直接作用於血管，使血壓下降；還能促進腎臟排尿和排鈉，從而起到較好的降壓作用。

山藥：

山藥所含黏蛋白和活性多糖可降糖降脂、保護血管，對高血壓患者非常有益。

茄子：

茄子中含有大量維他命 P，可保持毛細血管壁正常通透性。

芹菜：

芹菜富含鉀、鈣、磷，有助於鈉的代謝，調節血壓，保護血管，防治高血壓。

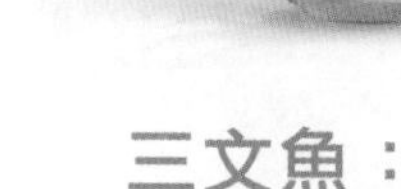

牛奶：

牛奶含有豐富的鈣元素，且富含人體所需的常見礦物質元素，有穩定情緒、降低血壓的作用。

三文魚：

三文魚中的脂肪中多含不飽和脂肪酸，而且含有豐富的 α-亞麻酸、亞油酸，不僅可以補腦、健腦，還可合成前列腺素，清除血液中雜質，有降壓的作用。

星期一 Mon.

健康食譜

高血壓患者儘量少在外面就餐，因為快餐裏油、鹽、糖的含量較高，特別是併發高脂血症和糖尿病的人群更應注意。少吃醃製食物，包括鹹鴨蛋、皮蛋、香腸等。煮菜時儘量不用味精，可以用其他調味品，如葱、蒜，減少食鹽的攝入量，有助於控制血壓。

蓮芯中的蓮芯鹼能擴張血管、降血壓。

早餐 蓮子八寶豆漿

材料： 蓮藕、大豆各 30 克，蓮子、小麥、黑豆、薏米各 20 克，紅棗 2 顆，橘子皮適量。

做法： ①將蓮子、大豆、小麥、薏米、黑豆、橘子皮用水浸泡 4 小時。

②將蓮藕切丁，與紅棗和浸泡過的食材一起放入豆漿機中，加入適量清水，打漿後煮沸即可。

早餐 山藥燕麥餅

材料： 全麥麵粉 150 克，粗燕麥片、山藥各 30 克，鹽適量。

做法： ①山藥去皮，洗淨，切塊，蒸熟後搗成泥。

②將山藥泥和麵粉、燕麥片、鹽、水混合揉成麵糰，做成小麵餅，入油鍋煎熟即可。

午餐　牛肉蘿蔔湯

材料： 牛肉100克，白蘿蔔200克，葱末、芫荽段、鹽、料酒各適量。

做法： ①牛肉洗淨，切塊；白蘿蔔洗淨，切塊。

②鍋中倒水，下牛肉塊，大火煮開，撇去浮沫。下蘿蔔塊，煲至牛肉塊熟爛，調入適量鹽、料酒，撒上葱末、芫荽段即可。

燈籠椒富含維他命C，可促進膽固醇代謝，適合患高血壓、高血脂的人群食用。

午餐　燈籠椒炒雞蛋

材料： 雞蛋2個，燈籠椒100克，鹽適量。

做法： ①燈籠椒洗淨切絲；雞蛋打入碗中，攪勻。

②油鍋燒熱，將雞蛋倒入鍋中，快速翻炒後盛出。

③另起油鍋，倒入燈籠椒絲，大火翻炒至八分熟，倒入炒好的雞蛋，加鹽翻炒均勻，出鍋即可。

午餐　洋葱炒肉片

材料： 洋葱150克，豬瘦肉50克，醬油、料酒、生粉水、葱花、鹽各適量。

做法： ①洋葱洗淨切片；豬瘦肉洗淨，切薄片。

②油鍋燒熱，放豬瘦肉煸炒。

③將洋葱下鍋與肉同炒，放入醬油、料酒、鹽略炒，生粉水勾芡，撒上葱花即可。

粳米可用粗糧替代，降壓降脂效果佳。

午餐 雙紅飯

材料： 番薯 50 克，粳米 100 克，紅棗 5 顆。

做法： ①將番薯去皮，洗淨，切成小丁；紅棗洗淨；粳米洗淨。

②將番薯丁、紅棗、粳米放入電飯煲中，加適量清水，煮熟即可。

午餐 蔬菜雜炒

材料： 荷蘭豆 80 克，椰菜 50 克，黃椒 1 個，紫椰菜 20 克，鹽適量。

做法： ①椰菜、紫椰菜洗淨，切片；荷蘭豆擇洗乾淨，切片；黃椒去蒂和籽後洗淨，切丁。

②油鍋燒熱，放入椰菜片、荷蘭豆片、黃椒丁炒熟，加鹽調味即可。

芹菜是降壓精品，芹菜莖和芹菜葉可一起食用。

晚餐 芹菜粥

材料： 芹菜 120 克，粳米 100 克。

做法： ①芹菜洗淨，切碎；粳米洗淨提前浸泡。

②粳米加水煮沸，加入芹菜碎，熬煮成粥即可。

冬瓜能夠利尿降脂，減輕腎臟負擔。

晚餐 蝦米冬瓜

材料：冬瓜 200 克，蝦米 20 克，料酒、生粉水、葱末、鹽各適量。

做法：①冬瓜去皮洗淨，切片；蝦米用溫水泡軟。

②熱油鍋，放葱末、冬瓜片，翻炒；放入蝦米、料酒、水、鹽，大火燒沸後，轉小火燜燒，至冬瓜熟透，勾芡即可。

蒜中的硒對心臟有保護作用。

晚餐 蒜蓉炒生菜

材料：生菜 300 克，蒜、鹽各適量。

做法：①生菜用流水沖洗乾淨，用手撕片。

②蒜拍扁，切碎。

③油鍋燒熱，爆香蒜蓉，倒入生菜片快炒，加鹽炒勻即可。

加餐 赤小豆粟米鬚湯

材料：粟米鬚 20 克，生地黃 3 克，赤小豆 50 克。

做法：①粟米鬚、生地黃分別洗淨，煎煮取汁；赤小豆洗淨，提前浸泡 2 小時。

②將赤小豆放入粟米鬚、生地黃水中，熬煮成湯即可。

星期二 Tue.

健康食譜

高血壓患者應按照合理比例，廣泛攝入各類宜食食物，才能達到營養均衡，滿足人體各種營養需求，提倡食用部分粗糧和雜糧作為主食。

蘆筍中的天冬醯胺和微量元素具有提高身體免疫力的功效。

早餐 蘆筍粥

材料： 粳米 50 克，蘆筍 100 克。

做法： ①將蘆筍洗淨，切丁。

②將粳米放入鍋中，加水，用大火煮沸。

③改用小火煮，粥將成時放入蘆筍丁，繼續煨煮 5 分鐘即可。

降糖降壓

粟米有助降低血液黏稠度。

午餐 南瓜粟米餅

材料： 麵粉 200 克，南瓜 50 克，鹽、粟米粒各適量。

做法： ①南瓜去皮，去籽，洗淨；上蒸籠蒸熟，用刀背壓成泥。

②將粟米粒洗淨，加入南瓜泥、麵粉、鹽，做成麵餅。

③油鍋燒熱，放入南瓜餅，用小火煎至兩面金黃即可。

午餐 番茄豆角炒牛肉

材料：番茄 1 個，豆角 100 克，牛肉、料酒、鹽各適量。

做法：①牛肉切成薄片；番茄洗淨，切成塊；豆角去筋，洗淨，切成段。

②油鍋燒熱，加牛肉片煸炒，待牛肉片發白時，再下番茄、豆角、鹽略炒。

③鍋內加適量水，稍燜煮片刻即可。

鴿肉脂肪含量低，可預防動脈硬化，防治高血壓。

晚餐 清蒸枸杞鴿肉

材料：乳鴿 1 隻，枸杞子、紅棗各適量。

做法：①將乳鴿洗淨，汆水。

②把枸杞子和紅棗用水浸泡，洗淨後放入鴿腹內，隔水蒸熟即可。

金菇含有功能性多糖物質，常食有助降膽固醇、抑制血脂升高。

晚餐 涼拌金菇

材料：金菇 150 克，葱花、鹽、橄欖油各適量。

做法：①金菇洗淨去根，沸水焯 30 秒，瀝乾。

②將橄欖油、鹽調成味汁，淋在金菇上，撒上葱花即可。

星期三 Wed.

健康食譜

高血壓患者飲食以清蒸、煮為佳，可減少油脂的攝入，午餐可以攝入富含優質蛋白質的食物，如豬瘦肉、魚類、豆製品等，同時攝入富含維他命 C 的食物，如新鮮蔬菜、水果等。

鱈魚含豐富的鎂元素，有利於保護心血管。

早餐 檸檬煎鱈魚

材料： 鱈魚 150 克，料酒、鹽、檸檬汁各適量。

做法： ①鱈魚洗淨切塊，加料酒、鹽、檸檬汁醃製 20~30 分鐘。

②油鍋燒熱，放入鱈魚煎至兩面金黃即可。

降糖降壓

李子富含維他命 C、氨基酸，可降低膽固醇的吸收。

早餐 李子粥

材料： 粳米 100 克，李子適量。

做法： ①將李子洗淨，去梗去核，榨汁。粳米淘洗乾淨。

②將李子汁和粳米加入砂鍋中煲煮，待粥黏稠即可。

午餐 清蒸黃魚

材料： 黃魚 1 條，青椒絲、紅椒絲、薑片、葱段、生粉、米酒、醬油、鹽各適量。

做法： ①將魚清理乾淨。
②油鍋燒熱，魚放入油鍋中，煎至微黃盛盤。
③將米酒、醬油、鹽勾芡成調味汁，淋在魚上。再加入薑片、葱段一起入蒸鍋蒸 20 分鐘，撒上青、紅椒絲即可。

鴨肉中所含的維他命 B 雜，能夠幫助血脂異常者控制體重。

午餐 地黃麥冬煮鴨

材料： 鴨肉 200 克，生地黃片、麥冬、料酒、薑、鹽各適量。

做法： ①將所有食材洗淨。鴨肉切塊；薑切片。
②將生地黃、麥冬、鴨肉塊、料酒、薑片一起放入砂鍋內，加適量水，大火燒沸後改小火燉 30 分鐘，加鹽調味即可。

午餐 洋葱燉羊排

材料： 羊排 150 克，洋葱 100 克（洗淨切片），冬菇 4 朵，薑片、蒜蓉、胡椒粉、料酒、老抽、生抽、生粉、鹽各適量。

做法： ①將冬菇浸軟，瀝乾水。
②羊排用生抽、生粉、老抽、料酒拌勻，醃製 10 分鐘。
③起油鍋下薑片、蒜蓉爆香，放入洋葱、羊排。放胡椒粉、鹽及冬菇，慢火燉至羊排熟爛，用生粉水勾芡即可。

番茄中的番茄紅素，可防止「壞」的膽固醇氧化後粘在血管壁上。

午餐

煎番茄

材料：番茄 2 個，麵包粉 10 克，熟芹菜末適量。

做法：①將麵包粉放入平底鍋內，炒成焦黃色，盛出備用。

②番茄用開水焯燙一下，剝去皮，切成薄片。

③油鍋燒熱，放入番茄煎至兩面焦黃，盛入小盤，撒上麵包粉、熟芹菜末即可。

降低膽固醇

蝦中含有豐富的鎂，還可為人體補充優質蛋白質。

韭菜炒蝦

材料：蝦肉 100 克，韭菜 200 克，醬油、鹽各適量。

做法：①蝦肉、韭菜洗淨；韭菜切成長段。

②油鍋燒熱，放入蝦肉煸炒 2~3 分鐘；加醬油、鹽稍炒。

③放入韭菜，急火炒 4~5 分鐘，盛入盤中即可。

莧菜富含鈣、鎂、鐵等元素，具有保護心腦血管的功效。

晚餐

清炒莧菜

材料：莧菜 200 克，蒜、鹽各適量。

做法：①將莧菜去老梗，洗淨。

②鍋內不用放油，直接將莧菜與拍碎的蒜放入，以中火將莧菜烤萎。

③順鍋邊倒入植物油，將莧菜翻炒均勻，加入鹽調味，以中小火將莧菜再燒 2~3 分鐘，使其湯汁完全滲出即可。

晚餐　三絲牛肉湯

材料： 紅蘿蔔 200 克，牛肉 80 克，木耳 3 朵，葱花、鹽各適量。

做法： ①牛肉切絲；紅蘿蔔洗淨，去皮，切絲；木耳洗淨切絲。

②油鍋燒熱，放入牛肉絲煸炒至八成熟，加木耳絲和紅蘿蔔絲炒勻。

③鍋內加入適量水，稍煮後加鹽調味，撒上葱花即可。

豆腐絲含鈣豐富，有利於鈉的排出，利於降壓降脂。

加餐　豆腐絲拌芹菜

材料： 豆腐絲 150 克，芹菜 50 克，醋、醬油、鹽各適量。

做法： ①芹菜洗淨去葉，切條。

②將豆腐絲和芹菜條盛盤，加調料拌勻即可。

海蜇富含硒，能排除體內毒素。

加餐　雪梨三絲

材料： 海蜇頭 200 克，雪梨 50 克，西芹 100 克，鹽、麻油各適量。

做法： ①海蜇頭用水泡 3~4 小時後，切細絲，汆燙；西芹、雪梨洗淨，均切細絲。

②將海蜇絲、西芹絲、雪梨絲加入鹽、麻油，拌勻即可。

星期四 Thu.

健康食譜

在少鹽、少油的前提下，多吃洋葱、通菜不僅能保證膳食纖維的攝入，也能降壓降脂。洋葱所含成分能有效清除血管的自由基，保持血管彈性。洋葱中所含的前列腺素更可直接作用於血管而使血壓下降，還能促進腎臟排尿和排鈉，從而起到較好的降壓作用。

洋葱含有的類黃酮素可清除自由基，保持血管彈性。

早餐 洋葱粥

材料：洋葱 30 克，粳米 100 克。

做法：①將洋葱去老皮，洗淨，切絲；粳米提前浸泡 2 小時。

②將粳米放入鍋中煮粥，快熟時加入洋葱絲稍煮即可。

降糖降壓

小棠菜含有膳食纖維，可減少脂類的吸收，降血脂。

午餐 雞肉扒小棠菜

材料：雞肉 80 克，小棠菜 100 克，料酒、鹽各適量。

做法：①將雞肉洗淨切小塊；小棠菜洗淨。

②油鍋燒熱，放入雞塊，加入料酒，大火翻炒片刻，再加入小棠菜，炒熟後，加鹽調味即可。

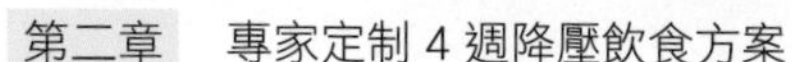

午餐

通菜炒肉絲

材料： 豬瘦肉 50 克，通菜 200 克，蒜末、鹽各適量。

做法： ①通菜擇洗乾淨；豬瘦肉洗淨，切絲。

②油鍋燒熱，放豬瘦肉翻炒至變色，下通菜。待通菜變軟時，調入鹽、蒜末，翻炒至通菜熟即可。

豆腐含多種人體必需的氨基酸。

晚餐

小葱拌豆腐

材料： 小葱 50 克，豆腐 200 克，鹽、麻油各適量。

做法： ①豆腐洗淨切塊，放入滾水中焯燙盛盤，加鹽稍醃。

②葱花撒在豆腐塊上面，淋上麻油，加入鹽拌勻即可。

五味子不宜過量食用。

晚餐

核桃五味子羹

材料： 核桃仁 5 個，五味子 6 克，粳米 60 克。

做法： 將核桃仁、五味子和粳米一起放入鍋中，加入清水用大火煮沸，再用小火稍煮即可。

星期五 Fri.

健康食譜

山藥、馬蹄含有大量膳食纖維，還可滋補肝腎、治便秘、止口渴，對高血壓併發糖尿病有很好的功效。

馬蹄有滑腸通便作用，可緩解高血壓患者的便秘症狀。

早餐 馬蹄豆漿

材料： 馬蹄 5 顆，豆漿 250 毫升。

做法： ①馬蹄去皮，洗淨，沸水焯燙約 1 分鐘，放在臼內搗碎，再用潔淨的紗布絞汁。

②豆漿放在鍋內，置中火燒沸後，摻入馬蹄汁水，待再沸後，即可離火。倒入杯中，拌勻即可。

紫椰菜中豐富的花青素苷和纖維素等成分，可以降低膽固醇。

早餐 紫椰菜沙律

材料： 紫椰菜 200 克，彩椒 50 克，粟米粒 30 克，鹽、白醋、檸檬汁、麻油各適量。

做法： ①紫椰菜洗淨切條；彩椒洗淨切丁；粟米粒洗淨。將所有食材盛盤。

②將調味料淋入食材中，拌勻即可。

午餐　番茄炒牛肉

材料： 牛肉 60 克，番茄 1 個，薑絲、鹽、醬油、料酒各適量。

做法： ①番茄洗淨，切片；牛肉切片，用薑絲、鹽、料酒、醬油醃製備用。

②起油鍋，下薑絲、牛肉，炒至七成熟，挑出薑絲，牛肉備用。

③油鍋燒熱，下番茄，加鹽，燴入牛肉炒熟即可。

蒟蒻中的蒟蒻多糖成分可降血糖、降血脂。

午餐　菠菜蒟蒻湯

材料： 菠菜 50 克，蒟蒻 80 克，蔥絲、鹽、麻油各適量。

做法： ①菠菜去根洗淨；蒟蒻洗淨切條。

②油鍋燒熱，鍋內入蔥絲爆香，加入蒟蒻略炒，入水，稍沸後放入菠菜，稍煮盛碗，淋入麻油即可。

紫椰菜涼拌前可用熱水焯一下。

午餐　涼拌紫椰菜

材料： 紫椰菜 100 克，燈籠椒、紅甜椒各 20 克，鹽、麻油各適量。

做法： ①紫椰菜洗淨後切絲；燈籠椒、紅甜椒洗淨，去籽後切絲。

②把三者混合裝盤，加入適量麻油、鹽調味即可。

午餐 木耳蒸鯽魚

材料： 鯽魚 1 條，木耳 3 朵，冬菇 25 克，料酒、植物油、鹽各適量。

做法： ①木耳洗淨，撕成小片；冬菇洗淨切片。鯽魚去鱗、鰓、內臟，洗淨。

③將鯽魚放入盤子中，加入料酒、鹽，在魚上撒木耳、冬菇，淋植物油，上籠蒸 30 分鐘，出籠即可。

晚餐 山楂薏米綠豆粥

材料： 山楂 30 克，薏米 40 克，粳米 100 克，綠豆適量。

做法： ①山楂洗淨後切片；薏米、粳米、綠豆洗淨備用。

②將食材一起放鍋內煮粥即可。

常食山楂能夠擴張血管，降低血糖、血壓。

蹗豆苗的嫩葉中富含維他命 C 和膳食纖維，可減肥降脂。

晚餐 熗拌豌豆苗

材料： 豌豆苗 250 克，紅甜椒絲、乾辣椒、生抽、鹽各適量。

做法： ①豌豆苗洗淨備用。

②鍋裏燒開水，撒入少量鹽，放入豌豆苗焯燙，八分熟後撈出盛盤。

③油鍋燒熱，爆豆腐乾辣椒；生抽、鹽、辣椒油混合好，倒在豌豆苗上，拌勻；撒上紅甜椒絲即可。

山藥所含的黏蛋白能有效阻止血脂在血管壁的沉澱。

晚餐 山藥燉烏雞

材料： 烏雞肉 200 克，山藥段 100 克，葱段、薑片、料酒、鹽各適量。

做法： ①把烏雞肉剁塊，放沸水中汆燙。

②鍋入清水、食材和調料，開鍋後改小火燉至烏雞肉熟透即可。

晚餐 薑汁豆角

材料： 豆角 150 克，薑末、蒜末、鹽、白醋、麻油各適量。

做法： ①豆角洗淨，入沸水中焯燙。

②撈出豆角，用冷水過涼，切段，擺盤。

③薑末、蒜末、鹽、白醋、麻油混一起調汁，淋在豆角上即可。

大豆富含大豆蛋白和鉀元素，有很好的輔助降壓作用，可預防高血壓和血管硬化。

加餐 粟米葡萄豆漿

材料： 大豆、鮮粟米粒、葡萄各適量。

做法： ①大豆提前泡發；粟米粒洗淨；葡萄洗淨去籽，對切。

②所有食材放入豆漿機一起榨汁即可。

星期六 Sat.

健康食譜

鱈魚和三文魚富含二十碳五烯酸（EPA）和二十二碳六烯酸（DHA），能夠降低血液低密度膽固醇、甘油三酯的含量，從而降低糖尿病性腦血管病的發病率。

奇異果中的果膠和膳食纖維可以降低膽固醇濃度。

早餐 奇異果西米粥

材料：西米 30 克，奇異果 1 個。

做法：①西米洗淨，用清水浸泡 20 分鐘，發好備用；奇異果洗淨，去皮切丁。

②鍋中放入 1500 毫升水，用大火煮沸，加入西米、奇異果丁，再次煮沸後改用小火煮 20 分鐘。

③把粥盛入碗中即可。

降糖降壓

鱈魚中含有一種人體無法自身合成的 ω-3 脂肪酸，有助於防治心血管疾病。

午餐 檸檬鱈魚螺絲粉

材料：螺絲粉 100 克，鱈魚 50 克，洋葱、檸檬汁、鹽、葱花各適量。

做法：①將螺絲粉煮熟，瀝乾水分。

②鱈魚切塊，加鹽、檸檬汁醃漬，煎熟備用；洋葱去皮沖淨，切片。

③油鍋燒熱，加洋葱片炒香，再加煮熟的螺絲粉翻炒，加少許鹽，將煎好的鱈魚、意麵裝盤，撒上葱花即可。

三文魚中含有大量優質蛋白和 Ω-3 不飽和脂肪酸，有助於降低血脂。

午餐　番茄三文魚

材料： 三文魚 300 克，番茄 1 個，鹽、蠔油各適量。

做法： ①番茄洗淨，切塊。

②油鍋燒熱，將三文魚塊煎至兩面金黃盛盤。

③餘油中放番茄，翻炒後放鹽、蠔油、水，煮至汁液黏稠後倒在三文魚上即可。

西芹中含有多種礦物質和維他命，利於降壓。

晚餐　西芹鱈魚

材料： 西芹 150 克，鱈魚 150 克，蟹肉 50 克，料酒、生粉、紅甜椒、鹽各適量。

做法： ①鱈魚洗淨，切塊，加鹽、生粉拌勻醃漬；蟹肉切片；西芹擇洗乾淨，切段；紅甜椒去蒂、去籽，洗淨切片。

②油鍋燒熱，放鱈魚塊、西芹段、紅甜椒片，加鹽翻炒，再加入蟹肉炒熟即可。

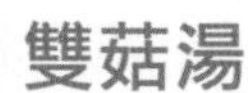

晚餐　雙菇湯

材料： 冬菇 100 克，金菇 50 克，鹽適量。

做法： ①冬菇去蒂，洗淨，切片；金菇去根，洗淨。

②油鍋燒熱，放冬菇片、金菇翻炒片刻，加水，調入鹽，煮熟即可。

星期日 Sun.

健康食譜

粟米是一種很好的粗糧，我們可以在早餐的時候蒸一根粟米吃，也可把粟米和其他粗糧搭配食用，因為粗糧中的維他命 B 雜、礦物質和膳食纖維含量較高，適於高血壓併發糖尿病的人群食用，粗糧可延緩飯後葡萄糖吸收的速度，有助於延緩血糖升高。

粟米富含植物甾醇，能降低膽固醇，預防動脈硬化的發生。

早餐 三花粟米餅

材料： 粟米粉、糯米粉、麵粉各 200 克，雞蛋 2 個，葡萄乾、粟米粒各 50 克，薄荷葉適量。

做法： ①將粟米粉、糯米粉、麵粉混合均勻；雞蛋打散。

②將 3 種粉與雞蛋液、粟米粒加水調成糊狀。

③油鍋燒熱，盛入適量麵糊，攤成餅，兩面烙呈金黃色，撒上薄荷葉盛盤即可。

降糖降壓

午餐 五香牛肉

材料： 牛肉 200 克，花椒、八角、葱段、薑片、蒜瓣、料酒、醬油、鹽各適量。

做法： ①將牛肉放入鍋中，加水沒過牛肉即可，大火煮沸後撇去浮沫。

②將全部佐料放入鍋中，大火煮沸後，用中火燜煮 2 小時，盛出切片即可。

建議烹調茄子時不要把皮去掉，因為茄子皮中含有大量的營養成分。

午餐　炸茄餅

材料： 茄子 300 克，肉末 100 克，雞蛋 1 個，生粉、黃酒、葱末、薑末、鹽各適量。

做法： ①茄子洗淨切斜片，在茄子片中間切一刀，但不要切斷，再放入鹽水中備用；肉末加黃酒、葱末、薑末、鹽攪拌均勻成肉餡；雞蛋打碎與生粉調成糊。

②將肉餡塞入茄夾內，做成茄餅，撒少許生粉後放入雞蛋糊內掛糊。

③油鍋燒至八成熱時，將茄餅逐個下鍋炸至金黃即可。

黑米所含的鋅有助於降低膽固醇，起到保護血管的作用。

晚餐　黑米雞肉粥

材料： 黑米 200 克，雞肉 150 克，鮮冬菇 50 克，鹽適量。

做法： ①雞肉煮熟切丁；冬菇洗淨切丁；黑米洗淨。

②鍋內加水，下入黑米燒沸，然後再下入冬菇丁，用小火熬至七成熟。

③下入雞丁、鹽繼續熬至軟爛即可。

第 3 週

膳食纖維能夠「帶走」血管中的多餘物，保護血管健康，降低血壓。世界衛生組織推薦，每日至少從膳食中攝入 25 克膳食纖維。

堅持高纖維素飲食，穩定血壓

膳食纖維是一種不能被人體消化的碳水化合物，分為可溶性膳食纖維和不可溶性膳食纖維兩大類。

纖維素、半纖維素和木質素是 3 種常見的不可溶性膳食纖維，存在於植物細胞壁中。不可溶性纖維主要來自小麥糠、果皮和根莖類蔬菜等。

果膠和樹膠等屬可溶性膳食纖維，存在於自然界的非纖維性物質中。可溶性膳食纖維主要來自大麥、豆類、紅蘿蔔、柑橘、燕麥等食物中。

膳食纖維要注意攝入量，過多攝取膳食纖維會阻礙消化，可能引起腹脹和消化不良，還會影響人體對鈣、鐵、鋅等元素的吸收，降低蛋白質的消化吸收率。特別是老年人、腸胃虛弱的人，吃高膳食纖維的食物會感到腸胃不舒服，因此，要合理攝入高膳食纖維的食物。

第 3 週

降壓食譜清單

生活
儘量避免熬夜。

運動
鍛煉要循序漸進。

保健
降壓藥不宜常更換。

膳食纖維不僅能帶來飽腹感，還能促進胃腸蠕動，提高新陳代謝的速度，因此高血壓患者要多吃膳食纖維含量高的食物。特別是併發高脂血症和糖尿病的高血壓患者更宜多食富含膳食纖維的食物，可降低血液中膽固醇的含量，預防心血管併發症。

	早餐	午餐	晚餐	加餐
星期一	魚蓉菠菜粥 柳橙菠蘿汁	苦苣拌核桃仁 熗炒椰菜 青瓜炒豬肉 （主食自配）	白綠降壓湯 爆炒西蘭花 菠菜拌粉絲 桑葚黑芝麻糊	蘋果甜梨鮮汁 蘋果香蕉芹菜汁
星期二	豬瘦肉椰菜粥	清炒茼蒿 蘋果燉魚 （主食自配）	銀耳拌豆芽 番茄燕麥湯 （主食自配）	橙 1 個
星期三	冬菇蕎麥粥 裙帶菜馬鈴薯餅	豆腐木耳湯 茭白炒雞絲 菠蘿橘子蒟蒻湯 粟米筍清炒芥蘭 （主食自配）	紫菜蛋花湯 涼拌西瓜皮 南瓜炒芸豆 （主食自配）	火龍果西米露
星期四	芥菜番薯湯	蒜蓉絲瓜蒸粉絲 白灼芥蘭 （主食自配）	小白菜冬瓜湯 清甜三丁 （主食自配）	牛奶 1 杯
星期五	山藥南瓜蒸紅棗 粟米紅蘿蔔粥	番茄燒茄子 燈籠椒粟米粒 山藥燉豬肉 醋溜白菜 （主食自配）	涼拌海蜇皮 紅棗核桃仁粥 薺菜煮雞蛋	青瓜肉片湯 紅豆山楂湯
星期六	水果燕麥粥	豬血菠菜湯 蘑菇炒萵筍 （主食自配）	蕎麥松子粥 烤蒜	乳酪 1 杯
星期日	珍珠母粥	燉老鴨 番茄蘋果飲 （主食自配）	海參木耳湯 高粱米紅棗粥	全麥麵包 1 片

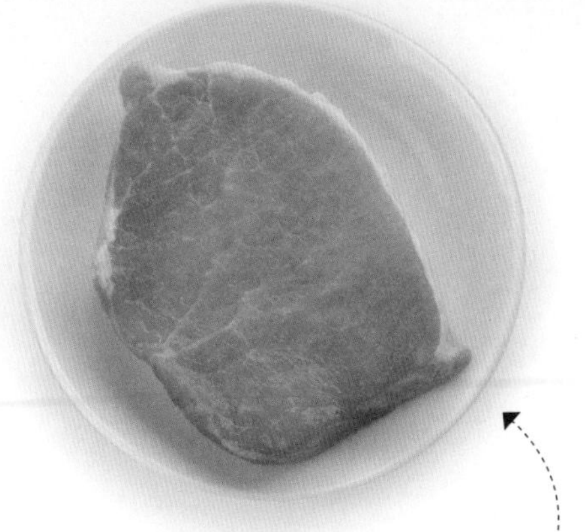

豬瘦肉：

豬瘦肉能夠提供大量優質蛋白質和必需脂肪酸，有利於高血壓、高脂血症患者保護血管健康。

蕎麥：

富含蘆丁及鈣、鎂、銅、硒等礦物質，有助降脂降糖、預防高血壓及心血管疾病。

馬鈴薯：

馬鈴薯含有豐富的鉀，可以幫助平衡體液中鈉的相對含量，還能舒張血管，保護血管健康，維持穩定的血壓，降低腦卒中（中風）的發病率。

蘋果：

蘋果中含有豐富的鉀，能促進血液中鈉的排出，使血壓下降，從而緩解高血壓的症狀。

茼蒿：

茼蒿中的揮發油有健脾胃的功效，有利於輔助治療因脾胃不和引起的原發性高血壓。

燈籠椒：

燈籠椒含有抗氧化劑，如維他命 C、β- 胡蘿蔔素、槲皮素等，能有效清除讓血管老化的自由基。

星期一 Mon.

健康食譜

除了增加膳食纖維的攝入外，高血壓患者還可適當攝入一些優質蛋白質和維他命，如奶、蛋、魚肉、蝦肉、雞肉、鴨肉等，以及新鮮的蔬菜水果。

鯇魚中含豐富的硒，對心臟有保護和修復作用。

早餐 魚蓉菠菜粥

材料： 粳米 100 克，菠菜 50 克，鯇魚 30 克，鹽適量。

做法： ①菠菜洗淨，開水中燙一下撈出，切末；魚肉洗淨，去骨刺，用刀剁碎成為魚蓉。

②粳米洗淨，浸泡半小時後撈出，放入鍋中，加入約 1000 毫升冷水，用大火燒沸後，改用小火慢煮成稠粥。

③將魚蓉和菠菜末放入粥內，加入鹽調味，用小火再煮 5 分鐘左右即可。

降糖降壓

柳橙內含抗氧化成分，可以增強人體免疫力。

早餐 柳橙菠蘿汁

材料： 柳橙 150 克，菠蘿 50 克，番茄 1 個，西芹 50 克，檸檬 30 克。

做法： ①番茄洗淨，切塊；柳橙、檸檬去皮，菠蘿去皮去釘，全部均切成小塊；西芹洗淨，切成小段。

②將番茄塊、柳橙塊、菠蘿塊、西芹段、檸檬塊放進榨汁機中榨汁。

③將蔬果汁倒入杯中即可。

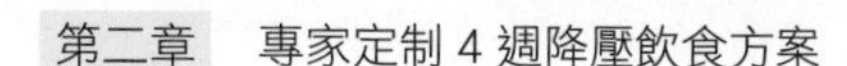

午餐 苦苣拌核桃仁

材料： 苦苣 80 克，核桃仁、紅椒絲、鹽、醋、麻油各適量。

做法： ①苦苣洗淨，控水盛盤；核桃仁洗淨。

②將調味料調勻，倒入苦苣核桃仁中，撒上紅椒絲即可。

椰菜富含膳食纖維，有「血管清道夫」之稱。

午餐 熗炒椰菜

材料： 椰菜 200 克，花椒、鹽各適量。

做法： ①將椰菜洗淨，用手撕成小塊。

②油鍋燒熱，放入花椒煸香，放椰菜翻炒，調入少許鹽，翻炒均勻即可。

午餐 青瓜炒豬肉

材料： 豬肉 120 克，青瓜 250 克，木耳 6 朵，鹽、醬油、生粉水各適量。

做法： ①青瓜洗淨，切片；木耳洗淨，切片；豬肉切成片。

②油鍋燒熱，下豬肉片炒至剛熟取出。

③另起油鍋下青瓜片、豬肉片、木耳片、醬油、鹽炒片刻，加入生粉水勾芡即可。

白蘿蔔中的生粉酶可促進生粉消化分解，芥子油和粗纖維有利於腸胃蠕動促消化。

晚餐 白綠降壓湯

材料：白蘿蔔 250 克，芹菜 100 克，雞蛋 1 個，鹽、麻油各適量。

做法：①白蘿蔔洗淨去皮，切薄片；芹菜去葉洗淨，切段。

②將芹菜段、白蘿蔔片放入沸水鍋中，煮 10 分鐘，打入雞蛋，淋上麻油，撒鹽調味即可。

西蘭花是含有類黃酮較多的食物之一，能輔助清理血管。

晚餐 爆炒西蘭花

材料：西蘭花 200 克，鹽、蒜各適量。

做法：①將西蘭花洗淨，切塊，焯水；蒜洗淨，切末。

②在鍋中倒油，燒熱後將蒜末爆香，然後倒入西蘭花，加鹽炒勻即可。

菠菜根中的營養更豐富，最好一起食用。

晚餐 菠菜拌粉絲

材料：菠菜 200 克，粉絲 100 克，鹽、醋、麻油各適量。

做法：①將粉絲放入溫水中泡軟，撈出備用；菠菜洗淨，入沸水中焯一下，撈出備用。

②將粉絲和菠菜一同放入碗中，加入鹽和醋，淋上麻油，拌勻即可。

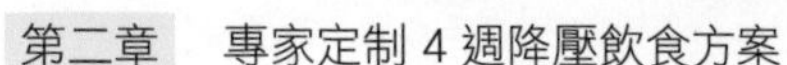

本品具有降血脂之功效。

晚餐　桑葚黑芝麻糊

材料： 桑葚 60 克，粳米 80 克，黑芝麻 60 克。

做法： ①將桑葚、黑芝麻、粳米洗淨，搗爛，備用。

②在鍋裏加適量水煮沸後加入搗爛的漿液，煮成糊狀即可。

蘋果含大量類黃酮和蘋果酸，有助促進體內脂肪的分解。

加餐　蘋果甜梨鮮汁

材料： 蘋果、梨各 1 個，檸檬汁適量。

做法： ①蘋果、梨分別削皮，洗淨，去核，切塊。

②將蘋果和梨一起放入榨汁機中榨出果汁，加入檸檬汁拌勻即可。

加餐　蘋果香蕉芹菜汁

材料： 蘋果半個，芹菜 50 克，香蕉 1 根，檸檬汁適量。

做法： ①蘋果洗淨，去皮，去核；芹菜洗淨，取葉；香蕉去皮。

②將蘋果、香蕉切成小塊，和芹菜葉一起放入榨汁機中加適量水榨汁，滴入少許檸檬汁即可。

星期二 Tue.

健康食譜

高血壓患者要多食含鉀豐富的食物，如馬鈴薯、紫菜、香蕉、橙等。特別是高血壓患者開始進行限鈉飲食時，要注意含鉀食物的攝入，降壓效果會更明顯。

肥肉中脂肪含量較高，「三高」人群宜選擇豬瘦肉。

早餐 豬瘦肉椰菜粥

材料：椰菜 30 克，豬瘦肉 20 克，粳米 100 克。

做法：①椰菜洗淨，切絲；豬瘦肉洗淨，切碎；粳米淘洗乾淨。②將上述食材熬煮成粥即可。

降糖降壓

茼蒿可緩解高血壓頭痛、眩暈、失眠的症狀。

午餐 清炒茼蒿

材料：茼蒿 100 克，鹽適量。

做法：①茼蒿擇洗乾淨，瀝水盛盤。②油鍋燒熱，將茼蒿快速翻炒，炒至菜變軟時，加入鹽炒勻即可。

午餐　蘋果燉魚

材料： 鯽魚 100 克，瘦肉 150 克，蘋果 2 個，紅棗 2 顆，鹽、胡椒粉、料酒、清湯各適量。

做法： ①紅棗去核洗淨；鯽魚切塊；瘦肉切片；蘋果去皮，去核，切成瓣狀。

②熱油鍋，放入魚塊，用小火煎至兩面稍黃，倒入料酒，加入瘦肉片、紅棗，注入清湯，用中火燉。待燉湯稍白，加蘋果瓣，放鹽、胡椒粉，再燉 20 分鐘即可。

綠豆芽中維他命 C 含量高，脂肪含量少，能降壓減肥。

晚餐　銀耳拌豆芽

材料： 乾銀耳 3 朵，綠豆芽 80 克，燈籠椒 30 克，鹽、麻油各適量。

做法： ①乾銀耳泡發後切絲；綠豆芽去根洗淨；燈籠椒洗淨，切絲。

②將綠豆芽、燈籠椒絲和銀耳放入沸水中燙熟，撈出放入盤中，加鹽、麻油調味即可。

晚餐　番茄燕麥湯

材料： 燕麥片 100 克，番茄丁 1 個，低脂奶 200 毫升，蒜蓉、鹽、胡椒粉各適量。

做法： ①油鍋燒熱，爆香蒜蓉，加入燕麥片、清水、番茄丁拌勻，大火煮沸後轉小火煮 5 分鐘。

②倒入低脂奶，加少許鹽及胡椒粉調味，煮至微沸即可。

星期三 Wed.

健康食譜

高血壓患者適宜堅持飲食清淡的原則，選擇肉類食物時儘量選擇瘦肉，少吃動物內臟。飯前可喝清淡的湯，減少主食的攝入，但要注意儘量不喝肉湯，因為肉湯裏有很多脂肪和鹽。

蕎麥中的膳食纖維能減少腸道對膽固醇的吸收。

早餐 冬菇蕎麥粥

材料： 蕎麥 40 克，鮮冬菇 20 克，粳米 60 克，鹽適量。

做法： ①冬菇洗淨切片；粳米和蕎麥淘洗乾淨。

②粳米和蕎麥加水大火煮沸，再轉小火煮 45 分鐘，並不時攪拌。

③放入冬菇片，添入適量開水稀釋粥底。

④以小火續煮 10 分鐘，加鹽調味即可。

裙帶菜中的膳食纖維具有吸附膽固醇使其排出體外的特殊功能。

早餐 裙帶菜馬鈴薯餅

材料： 乾裙帶菜 20 克，馬鈴薯 30 克，生粉 5 克，鹽適量。

做法： ①乾裙帶菜切碎，用熱水焯燙；馬鈴薯煮熟，去皮，趁熱壓成馬鈴薯泥。

②在馬鈴薯泥中加入裙帶菜碎和鹽攪拌均勻，做成 2 個小餅，在餅上均勻地裹上生粉。

③油鍋燒熱，將裹上生粉的小餅兩面煎黃即可。

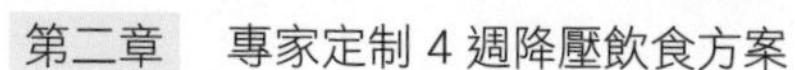

午餐　豆腐木耳湯

材料：豆腐 100 克，乾木耳 5 朵，蔥花、鹽各適量。

做法：①乾木耳泡發，去蒂洗淨，撕片；豆腐洗淨，切片。

②油鍋燒熱，放入木耳翻炒，稍後下入豆腐片，注入適量清水，放鹽調勻，小火燒熟，撒上蔥花即可。

茭白含有較多草酸，最好焯水後食用。

午餐　茭白炒雞絲

材料：茭白 200 克，雞肉 50 克，料酒、醬油、鹽、蔥花各適量。

做法：①茭白洗淨切片，焯水；雞肉切絲，加料酒、醬油醃製。

②油鍋燒熱，加入雞絲爆炒，加入茭白片、鹽炒熟，撒蔥花盛盤即可。

菠蘿也可與肉一起烹煮，可以使肉類變得鮮香軟嫩。

午餐　菠蘿橘子蒟蒻湯

材料：蒟蒻、菠蘿、蘋果、橘子各適量。

做法：①所有食材洗淨，切成適當大小的塊。

②蒟蒻入砂鍋加水稍煮，再加入其他水果塊即可。

栗米筍含有豐富的維他命、蛋白質、礦物質。

午餐 栗米筍清炒芥蘭

材料： 芥蘭200克，粟米筍（罐裝）100克，蒜、鹽、麻油各適量。

做法： ①芥蘭洗淨，切段；粟米筍洗淨，切斜段；蒜去皮，切末。

②將芥蘭、粟米筍分別用沸水加少許鹽焯一下，放入冷水中冷卻，撈出瀝乾水分。

③油鍋燒熱，爆香蒜末，放入芥蘭和粟米筍翻炒。

④加入鹽翻炒片刻，待菜炒熟後，淋少許麻油即可。

紫菜可以用來做湯，也可以泡發後涼拌或煮菜。

晚餐 紫菜蛋花湯

材料： 紫菜5克，雞蛋1個，葱花、蝦皮、麻油、鹽各適量。

做法： ①將紫菜洗淨，撕小片。

②雞蛋放入碗中，打成蛋液。

③在鍋中放入適量的水燒沸，然後淋入雞蛋液。

④等雞蛋花浮起時，加鹽，加入紫菜和蝦皮，淋入麻油，撒上葱花即可。

晚餐　涼拌西瓜皮

材料： 西瓜皮 500 克，紅甜椒 20 克，鹽適量。

做法： ①西瓜皮洗淨，去綠衣，切丁。

②加入少許鹽、涼開水，醃製 10 分鐘，擠乾水分，放入盤內；紅甜椒洗淨，切丁。

③鍋內放油燒熱，將熱油淋在西瓜皮丁、紅甜椒丁上，拌勻即可。

南瓜中含有的礦物質，如鉀、鎂等，有預防骨質疏鬆和降壓功效。

晚餐　南瓜炒芸豆

材料： 白芸豆 100 克，南瓜 200 克，白醋、鹽、胡椒粉各適量。

做法： ①白芸豆剝好洗淨，泡 4~6 小時，加水煮熟，控水晾涼；南瓜洗淨，切丁。

②油鍋燒五成熱，倒入白芸豆、南瓜丁、鹽、胡椒粉、白醋快速翻炒均勻即可。

火龍果具有降低膽固醇、美白養顏的功效。

加餐　火龍果西米露

材料： 火龍果 250 克，西米 60 克。

做法： ①火龍果去皮取肉，切丁。

②西米洗淨，浸泡 10 分鐘，放入沸水中慢火煮至透明，倒在疏孔篩內，用水沖至涼透，瀝去水分。

③燒開水，放入火龍果稍煮，下西米，續煮片刻即可。

星期四 Thu.

健康食譜

減少熱量的攝入是降壓減脂的根本，所以高血壓患者適宜以清蒸或者水煮代替紅燒，不僅可以減少熱量的攝入，還可控制油脂的攝入量，有利減肥。每日的食用油攝入量適宜控制在 10~20 毫升。

早餐 芥菜番薯湯

芥菜含有胡蘿蔔素和大量纖維素，可防治便秘，尤其適於老年人及習慣性便秘者食用。

材料：芥菜 200 克，番薯 100 克，鹽適量。

做法：①芥菜洗淨，切段備用；番薯洗淨去皮，切成小片。

②番薯片放入鍋內煮至半熟，放入芥菜段熬煮至軟爛，加鹽調味即可。

午餐 蒜蓉絲瓜蒸粉絲

降糖降壓

絲瓜所含的維他命 B 雜有利於能量代謝。

材料：絲瓜段 200 克，粉絲 100 克，蒜末 20 克，麻油、鹽、醋各適量。

做法：①將絲瓜段蒸熟；粉絲焯熟；盛入碗中備用。

②油鍋燒熱，入蒜末爆香，出鍋前滴上麻油，撒鹽兑成蒜蓉汁。

③將蒜蓉汁淋在粉絲、絲瓜上，加醋，入鍋繼續蒸 1 分鐘，出鍋即可。

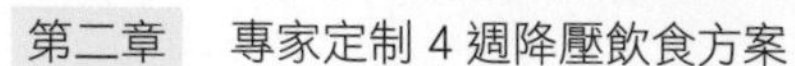

午餐 白灼芥蘭

材料： 芥蘭 200 克，紅椒絲、葱絲、薑絲、生抽、鹽各適量。

做法： ①芥蘭擇洗乾淨。

②將生抽、部分薑絲加水煮開製成調味汁。

③另起鍋，加水、鹽、植物油，將芥蘭煮熟裝盤，淋上調味汁，擺上葱絲、剩餘薑絲、紅椒絲即可。

晚餐 小白菜冬瓜湯

冬瓜減肥降脂功效顯著。

材料： 小白菜 200 克，冬瓜 50 克，鹽適量。

做法： ①小白菜洗淨，去根切段；冬瓜去皮切片。

②鍋中倒水，加入小白菜段、冬瓜片，小火燉煮 10 分鐘，加鹽調味即可。

晚餐 清甜三丁

哈密瓜含糖量高，糖尿病患者不宜多食。

材料： 哈密瓜、山藥、青瓜各 40 克，鹽適量。

做法： ①將 3 種食材洗淨，切丁；鍋中燒開水，放入山藥丁煮軟後，放青瓜丁略煮，撈出瀝水備用。

②鍋中放油燒熱，將山藥丁下鍋和青瓜丁同炒，最後下哈密瓜丁，放鹽稍調味即可。

星期五 Fri.

健康食譜

高血壓患者每天在主食上可多選擇馬鈴薯、山藥、南瓜等代替粳米、精麵，適量補充紅棗、核桃等食物，飲食多樣化不僅可以維持營養的平衡，還可提供足夠的維他命和礦物質。

早餐 山藥南瓜蒸紅棗

山藥中所含的糖蛋白有降低血糖的作用。

材料： 山藥、南瓜各 200 克，紅棗 4 顆。

做法： ①山藥去皮，洗淨，切小塊；南瓜去皮，去瓤，也切成相同大小的塊；紅棗洗淨去核。

②將山藥塊、南瓜塊、紅棗一同放入蒸鍋中，蒸半個小時後取出即可。

早餐 粟米紅蘿蔔粥

紅蘿蔔中含有一些降糖、降壓物質，是高血壓、冠心病患者的食療佳品。

材料： 粟米粒 40 克，粳米 100 克，紅蘿蔔 50 克，鹽、高湯各適量。

做法： ①紅蘿蔔洗淨，切丁；粟米粒、粳米淘洗乾淨。

②將粟米粒、紅蘿蔔丁與粳米同煮成粥，粥滾開後加鹽調味，並加入高湯煮熟即可。

番茄可促進胰島素分泌，有助於控制血糖含量。

午餐　番茄燒茄子

材料：茄子 300 克，番茄 1 個，燈籠椒、蠔油、鹽、生抽各適量。

做法：①茄子洗淨切塊，浸泡 10 分鐘，瀝乾；燈籠椒洗淨，切片；番茄去皮切塊。茄子過油並用吸油紙將油吸淨。

②油鍋燒熱，倒入番茄塊、生抽，炒至糊狀。倒入過油的茄子塊、燈籠椒片翻炒，加蠔油略炒，加鹽調味即可。

注意發黴的粟米不可食用。

午餐　燈籠椒粟米粒

材料：粟米粒 150 克，燈籠椒 25 克，鹽適量。

做法：①將粟米粒洗淨；燈籠椒洗淨切丁。

②油鍋燒熱，放入燈籠椒丁炒香鏟起，將粟米粒入鍋炒至八分熟，入油加燈籠椒丁、鹽炒勻即可。

午餐　山藥燉豬肉

材料：豬肉 200 克，山藥 50 克，薑片、葱段、料酒、鹽各適量。

做法：①豬肉洗淨，切塊；山藥去皮，洗淨切片。

②油鍋燒熱，下豬肉爆炒至剛熟取出，加山藥片、薑片、葱段、料酒、水燉至豬肉熟爛，加入鹽調味即可。

白菜中含有大量的水分和膳食纖維，經常食用有助降壓、減肥。

午餐 醋溜白菜

材料： 白菜 100 克，醋、鹽、料酒、生粉、乾辣椒各適量。

做法： ①白菜洗淨，把嫩白菜幫切成薄片，在開水中焯一下，撈出瀝水。

②將醋、鹽和料酒調成調味汁。油鍋燒熱，爆豆腐乾辣椒，放入白菜片略煸炒後，倒入調味汁，翻炒後以生粉勾芡，裝盤即可。

降低膽固醇

海蜇中的活性肽可清熱解毒、擴張血管、降壓消腫。

晚餐 涼拌海蜇皮

材料： 海蜇皮 200 克，青瓜 50 克，醋、鹽、麻油、紅甜椒絲各適量。

做法： ①將海蜇皮浸泡 8 小時，洗淨切絲，熱水略燙，瀝乾放涼；青瓜洗淨切絲。

②把醋、鹽、麻油調成小料。海蜇裝盤，撒青瓜絲、紅甜椒絲，澆上小料即可。

核桃中的鉻能促進葡萄糖的分解利用，能促進膽固醇代謝，保護心血管。

晚餐 紅棗核桃仁粥

材料： 核桃仁 5 個，紅棗 5 顆，粳米 100 克。

做法： 將粳米、紅棗洗淨，放入鍋中，加水，大火煮沸後改小火煮 30 分鐘，然後加入核桃仁煮至粥熟即可。

薺菜是鈣含量較高的蔬菜，骨質疏鬆、高血壓人群可以多食用。

晚餐　薺菜煮雞蛋

材料：雞蛋 1 個，薺菜 100 克。

做法：①將薺菜洗淨，放入鍋內，加水煎煮一段時間後撈出。

②放入雞蛋，小火煮 5~8 分鐘即可。

茶樹菇能降低膽固醇，是高血壓患者的理想食品。

加餐　青瓜肉片湯

材料：青瓜 100 克，豬瘦肉 50 克，乾茶樹菇 10 克，鹽、麻油、料酒、生粉各適量。

做法：①豬瘦肉洗淨切薄片，放入碗中，加料酒、生粉拌勻；青瓜洗淨切成片；茶樹菇洗淨，泡發後切段。

②鍋內加水，燒沸後加入豬瘦肉片、茶樹菇段，煮熟後放入青瓜片，最後加入適量鹽、麻油即可。

加餐　紅豆山楂湯

材料：紅豆 100 克，山楂 30 克。

做法：①紅豆洗淨，浸泡半小時；山楂洗淨，去核備用。

②高壓鍋加水，將紅豆、山楂煮成泥狀即可。

星期六 Sat.

健康食譜

粗糧中的膳食纖維，可延緩飯後葡萄糖消化吸收的速度，對心腦血管疾病有防治作用。建議用粳米、燕麥、蕎麥和水果一起蒸煮食用，不僅可以補充膳食纖維，保證攝入足量的維他命，還可滿足口感。

早餐 水果燕麥粥

材料：燕麥片 60 克，蘋果、奇異果各 1 個，香蕉 1 根，葡萄乾適量。

做法：①葡萄乾洗淨；蘋果洗淨，切小塊；奇異果、香蕉去皮切丁。

②鍋中倒水燒開，將燕麥片倒入煮粥，粥成後盛出。將水果丁倒入粥中拌勻，最後再撒上葡萄乾即可。

降糖降壓

午餐 豬血菠菜湯

豬血含有豐富的鐵，對心血管病患者有益。

材料：豬血 150 克，菠菜 200 克，薑片、鹽、麻油各適量。

做法：①菠菜洗淨切段備用。

②豬血用小火煮熟後撈起，切成塊，再放回鍋裏，加菠菜段、薑片，煮熟後加麻油、鹽調味即可。

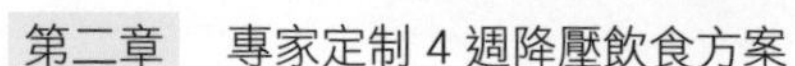

午餐　蘑菇炒萵筍

材料： 蘑菇 50 克，萵筍 100 克，蔥絲、薑片、鹽各適量。

做法： ①蘑菇洗淨，去蒂，切片；萵筍去皮，洗淨，切片。

②油鍋燒熱，爆香蔥絲、薑片，放入萵筍片、蘑菇片翻炒，加入鹽，炒熟即可。

松子中的油酸、亞油酸有利於降低血脂、軟化血管。

晚餐　蕎麥松子粥

材料： 蕎麥 100 克，松子 30 克。

做法： ①蕎麥提前浸泡 2~4 小時；松子洗淨。

②蕎麥和松子入砂鍋加水，煮至粥熟即可。

大蒜不宜多吃，可導致胃部及眼部不適。

晚餐　烤蒜

材料： 蒜 50 克，孜然粉、鹽各適量。

做法： ①鍋中倒油燒熱，放入蒜煎烤，把蒜煎烤至焦黃盛盤。

②吃之前撒上少許孜然粉、鹽即可。

星期日 Sun.

健康食譜

鴨肉、銀耳有滋陰養胃的功效，特別適宜秋、冬季氣候乾燥時食用。鴨能「滋五臟之陰，清虛勞之熱，補血行水，養胃生津」，與其他食物合理搭配，能夠發揮更好的功效。

牡蠣中含的牛磺酸可以促進肝臟中膽固醇的排泄，使血液中膽固醇的含量降低。

早餐 珍珠母粥

材料：珍珠母、生牡蠣各50克，蕎麥60克。

做法：將珍珠母、生牡蠣加水煮沸，去渣留汁，加入蕎麥煮粥即可。

降糖降脂

鴨肉食用時最好去掉外層的鴨皮。

午餐 燉老鴨

材料：鴨肉100克，枸杞子、鹽、葱花各適量。

做法：①將鴨肉洗淨，斬成小塊。

②油鍋燒熱，放入鴨塊，翻炒後加枸杞子和適量的水。

③小火燉煮1小時，加入鹽調味，盛盤後撒上葱花即可。

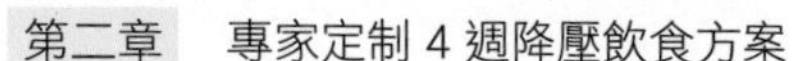

可加入檸檬汁一起飲用。

午餐　番茄蘋果飲

材料：番茄、蘋果各 1 個。

做法：番茄、蘋果洗淨，切塊，放榨汁機中一同榨汁。

海參具有提高記憶力，防止動脈硬化等功效。

晚餐　海參木耳湯

材料：海參 100 克，乾木耳、乾銀耳各 4 朵，紅棗 3 顆，麻油、鹽、芫荽段各適量。

做法：①海參洗淨；木耳、銀耳泡發，撕小朵；紅棗洗淨。

②將海參、木耳、銀耳倒入砂鍋煲湯，煲 30~50 分鐘後，放入麻油、鹽，再煲 5 分鐘左右，撒上芫荽段即可。

晚餐　高粱米紅棗粥

材料：高粱米 130 克，紅棗適量。

做法：①紅棗洗淨，用熱水泡軟，切開去核；高粱米洗淨控乾水分，入鍋，小火翻炒至微黃色盛出。

②將炒好的高粱米和紅棗同煮成粥即可。

第4週

高血壓患者應禁食高熱量、高脂肪、高膽固醇的「三高」食物。動物性脂肪含飽和脂肪酸過高，會增加高血壓併發腦卒中的概率。成人每天的脂肪攝入量應控制在總能量的30%以下，烹調油每日為10~20毫升，膽固醇每日的攝入量應控制在300毫克以下。

限制脂肪、膽固醇攝入，預防併發症

高血壓患者應該少食紅肉類食物，紅肉類食物含脂肪高，雖然是高蛋白，但飽和脂肪酸含量很高，容易造成血液中血脂過高，誘發冠心病。雞湯的營養價值很高，但多喝雞湯可能導致鈉和脂肪攝入過高，使膽固醇和血壓增高；因此，雞湯不能盲目地作為患者的營養品，特別是高血壓患者，不宜多喝雞湯，否則容易進一步加重病情。

第 4 週

降壓食譜清單

生活
嚴格限制高糖食物。

運動
冬季應降低運動強度。

保健
高血壓患者禁冷水浴。

大量進食脂肪含量高的食物，容易使大量的脂肪沉積在血管壁上，造成血管堵塞，血管壁彈性降低，最終導致血壓升高、動脈硬化；所以高血壓患者日常飲食提倡選用植物油，少吃豬油、動物內臟等含脂肪和膽固醇高的食物。

	早餐	午餐	晚餐	加餐
星期一	馬蹄炒雞蛋 牛奶菠菜粥	粟米燒排骨 （主食自配）	鮮奶燉木瓜雪梨 粟米紅蘿蔔鯽魚湯 薏米山楂粥	葡萄汁 蘋果紅蘿蔔汁
星期二	紅棗乳酪	佛手瓜炒雞絲 金針花炒青瓜 （主食自配）	南瓜牛肉湯 石榴汁 （主食自配）	梨 1 個
星期三	香椿佛手瓜粥	扒冬瓜 紅蘿蔔洋葱餅 椰菜炒燈籠椒 豬肝菠菜湯	芹菜花生米 黑米紅豆粥 奇異果炒肉絲	葡萄車厘子汁
星期四	銀耳紅棗粥	炒馬鈴薯絲 茄子炒苦瓜 （主食自配）	涼拌木耳 車厘子銀耳桂花湯 （主食自配）	乳酪 1 杯
星期五	乳酪拌蘋果	桑葚山藥葱花粥 素炒白蘿蔔	蝦皮豆腐湯 （主食自配）	香蕉 1 根
星期六	芹菜根紅棗湯 豆角冬菇瘦肉粥	泥鰍豆腐羹 黑豆煲蓮藕 雜豆糯米粥 牛柳拌蔬菜	清炒萵筍葉 冬菇炒豌豆苗 綠豆薏米湯 （主食自配）	南瓜凍糕 奇異果薄荷汁
星期日	決明子菊花粥	菠菜拌黑芝麻 番茄菠菜麵 洋葱椰菜花馬鈴薯湯 爽口芹菜葉	腐竹粟米豬肝粥 西芹炒百合	奇異果乳酪 紅蘿蔔西瓜汁

苦瓜：

苦瓜含有豐富的維他命 C 和礦物元素鉀，可有效降低血壓。

木耳：

木耳中的多糖可降低血漿纖維蛋白原含量，從而降低血小板黏附率和血液黏稠度。

番茄：

番茄中的成分能阻止膽固醇的合成，預防膽固醇氧化附着在血管壁上。

薏米：

薏米富含膳食纖維，可降低血脂，起到預防血脂異常的作用。

紅蘿蔔：

紅蘿蔔中的槲皮素、山柰酚能促進腎上腺素合成，調節血壓。抑制低密度脂蛋白氧化，有降脂的作用。

星期一 Mon.

健康食譜

減肥的高血壓患者應堅持少量多餐的原則，每頓七成飽即可，主食一次不超過 100 克，即 2 兩。水果中的馬蹄和雪梨有滋陰潤燥的功效，含水量多，特別適宜上火的高血壓患者食用。

馬蹄利尿，可清熱消火降血壓。

早餐 馬蹄炒雞蛋

材料： 馬蹄 8 顆，雞蛋 1 個，青瓜、薑末、鹽各適量。

做法： ①馬蹄去皮洗淨，入開水略焯燙，切片。青瓜洗淨，切片；雞蛋打散。

②油鍋燒熱，將雞蛋液煎成雞蛋塊，裝盤。

③另起油鍋燒熱，投入薑末，放入馬蹄片、青瓜片，快熟時放入雞蛋，加適量的鹽調味即可。

菠菜在食用前可用開水燙一下，有利於降低草酸的含量。

早餐 牛奶菠菜粥

材料： 粳米 100 克，菠菜 50 克，牛奶 500 毫升，鹽、葱末各適量。

做法： ①菠菜洗淨切碎；粳米淘洗好。

②熱油鍋，放入葱末爆香，加入水，放粳米，用大火煮沸，再用小火煮至粥稠。

③將菠菜碎放入粥鍋內，加鹽、牛奶攪勻，再次燒沸即可。

午餐 粟米燒排骨

材料： 排骨 250 克，粟米 1 根，料酒、薑片、生抽、老抽、蠔油、鹽各適量。

做法： ①排骨斬塊洗淨，清水浸泡後瀝乾，加料酒、薑片、生抽、老抽、蠔油醃半小時；粟米洗淨斬段備用。

②油鍋燒熱，放入排骨煎至邊緣金黃。

③倒粟米段略炒，加入清水沒過食材，加鹽，大火燒開後轉中火燜 40 分鐘，大火收湯汁即可。

晚餐 鮮奶燉木瓜雪梨

木瓜中的木瓜蛋白酶可將脂肪分解為脂肪酸，利於降血脂。

材料： 木瓜 50 克，雪梨 80 克，牛奶 200 毫升。

做法： ①木瓜去皮，去籽，切塊，雪梨去皮洗淨，切塊。

②將木瓜、雪梨和牛奶一起倒入鍋內，煮至熟即可。

鯽魚的氨基酸含量豐富，且富含維他命 D，可清蒸或煮湯。

晚餐 粟米紅蘿蔔鯽魚湯

材料： 鯽魚 1 條，紅蘿蔔、粟米各 60 克，鹽適量。

做法： ①鯽魚處理乾淨，用油略煎。

②紅蘿蔔去皮，洗淨，切塊；粟米洗淨，切塊。

③將處理好的材料都放到砂鍋中，加適量清水，大火煮沸，小火煲 40 分鐘，加適量鹽調味即可。

山楂健脾養胃，降脂降壓。

晚餐 薏米山楂粥

材料： 薏米 100 克，山楂片 10 克，冰糖適量。

做法： 將薏米浸泡 2 小時，入砂鍋煮粥，大火燒開後，加山楂片，轉小火煮成粥，加冰糖調味即可。

加餐 葡萄汁

材料： 葡萄適量。

做法： 葡萄去皮、去籽，榨汁即可。

蔬菜和水果搭配，營養又美味。

加餐 蘋果紅蘿蔔汁

材料： 蘋果 1 個，紅蘿蔔 150 克。

做法： ①將蘋果去皮，去核，洗淨，切丁；紅蘿蔔洗淨，切丁。
②將蘋果丁和紅蘿蔔丁放入榨汁機中榨汁即可。

星期二 Tue.

健康食譜

除了含鉀豐富的食物有助降壓外，高血壓患者也適宜多補充含鎂豐富的食物，如南瓜、青瓜及綠葉蔬菜、全穀物等。鎂元素有利於防治腦卒中（中風），常吃有利於防治高血壓併發症。

早餐 紅棗乳酪

紅棗能降低血液中膽固醇含量，所含芸香苷對高血壓也有防治作用。

材料：乳酪 1 杯，紅棗適量。

做法：①紅棗洗淨，用清水泡 1 小時。泡好後去核，切小塊。
②將準備好的紅棗放到乳酪中即可。

午餐 佛手瓜炒雞絲

降糖降壓

佛手瓜熱量低，低鈉，是高血壓患者的理想蔬菜。

材料：佛手瓜 80 克，雞胸肉 150 克，紅甜椒、料酒、鹽各適量。

做法：①佛手瓜、雞胸肉、紅甜椒洗淨後分別切絲。
②油鍋燒熱，倒入雞絲煸炒，放少許料酒，加入鹽，變色後加入佛手瓜絲、紅甜椒絲繼續翻炒至熟即可。

青瓜富含鎂，有利於降壓減肥。

金針花炒青瓜

材料：金針花 15 克，青瓜 150 克，鹽適量。

做法：①青瓜洗淨切片；金針花去梗洗淨。

②油鍋燒熱，倒入金針花、青瓜片，快速翻炒至熟透時加入鹽調味即可。

南瓜富含膳食纖維，有利於降血糖。

南瓜牛肉湯

材料：南瓜 200 克，牛肉 100 克，鹽適量。

做法：①南瓜洗淨，切丁；牛肉放入沸水中焯變色後撈出，洗去血沫，切丁。

②砂鍋內放入適量水，用大火煮沸以後，放入牛肉丁和南瓜丁，再次煮沸，轉小火加鹽煲熟即可。

石榴有補心功效，高血壓併發冠心病的人群可常食。

石榴汁

材料：石榴 1 個。

做法：①石榴去皮。

②將石榴果肉放入榨汁機中，加入適量白開水，榨汁即可。

星期三 Wed.

健康食譜

高血壓患者應堅持低脂飲食的原則，每天膽固醇的攝入量不超過 300 毫克，應禁食含反式脂肪酸過多的食物，如含牛油多的起酥類點心等。蘆筍、蘑菇、紅蘿蔔等蔬菜含有大量的膳食纖維，多食利於降壓降脂。

佛手瓜煲湯時注意去掉硬皮和老化的瓜芯。

早餐 香櫞佛手瓜粥

材料：香櫞 10 克，佛手瓜 12 克，粳米 60 克。

做法：①先將香櫞、佛手瓜洗淨，加入適量清水，煎煮 2 次，去渣取汁。

②粳米淘洗乾淨後加入汁液煮成粥，即可食用。

冬瓜皮降脂利尿效果佳，可不丟棄，留作煮湯或代茶飲。

午餐 扒冬瓜

材料：冬瓜 200 克，葱花、生粉水、鹽各適量。

做法：①冬瓜去皮，去瓤，洗淨，切成片，放入沸水中焯透，撈出後，過涼水，瀝乾。

②油鍋燒熱，放葱花煸香，加適量水、鹽後，放入冬瓜片，燒開後以生粉水勾芡，起鍋裝盤即可。

午餐 紅蘿蔔洋蔥餅

材料： 紅蘿蔔 150 克，洋蔥 100 克，雞蛋 2 個，牛奶、全麥麵粉各適量。

做法： ①紅蘿蔔、洋蔥洗淨，切成細絲；雞蛋攪拌均勻，加入牛奶和過篩的全麥麵粉。

②將紅蘿蔔絲、洋蔥絲放入雞蛋麵粉糊中攪拌均勻；平底鍋中放油，五成熱後將蛋液麵糊倒入，攤平煎熟即可。

椰菜富含維他命 C、葉酸和鉀，和燈籠椒一起食用可降脂降壓。

午餐 椰菜炒燈籠椒

材料： 椰菜 100 克，燈籠椒 50 克，紅蘿蔔 80 克，鹽適量。

做法： ①將椰菜洗淨撕片；燈籠椒、紅蘿蔔分別洗淨，切片。

②油鍋燒熱，倒入燈籠椒片快速翻炒，再把紅蘿蔔片、椰菜片放入，加鹽炒熟即可。

1 週食用 1 次豬肝即可。

午餐 豬肝菠菜湯

材料： 豬肝 75 克，菠菜 200 克，鹽、麻油各適量。

做法： ①豬肝洗淨，切片，用開水略焯；菠菜洗淨，切段。

②砂鍋加水燒沸，放入豬肝片煮至熟透。

③放入菠菜段略煮，加鹽和麻油調味即可。

花生衣有補血功效，食用時不要剝除，但血液黏稠者忌食。

晚餐 芹菜花生米

材料： 芹菜 300 克，花生米、花椒油、麻油、鹽各適量。

做法： ①芹菜洗淨，取莖切段，用開水焯一下，過涼。

②花生米洗淨，瀝乾；油鍋燒熱，將花生米倒入，炸熟。

③將芹菜段、花生米盛盤，放入花椒油、麻油、鹽調味即可。

晚餐 黑米紅豆粥

材料： 黑米、紅豆各 100 克。

做法： ①黑米、紅豆淘洗乾淨，浸泡 2 小時。

②鍋內加水煮沸，放入黑米和紅豆。

③繼續煮至滾沸時稍微攪拌一下，改中小火熬煮 40 分鐘即可。

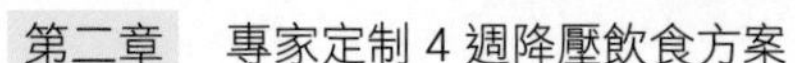

此菜含有豐富的蛋白質和維他命，可滋補強身，降壓減脂。

晚餐 奇異果炒肉絲

材料： 豬肉 100 克，奇異果 1 個，鹽、料酒、胡椒粉、蛋清、高湯、生粉各適量。

做法： ①將豬肉切絲，用料酒、蛋清、生粉上漿；奇異果去皮切絲。

②將鹽、胡椒粉、高湯兑成芡汁。

③油鍋燒熱，入肉絲炒散，下奇異果絲略炒，烹入芡汁，收汁即可。

常飲此汁有補益肺脾、消脂降壓之功效。

加餐 葡萄車厘子汁

材料： 車厘子、葡萄、乳酪、檸檬皮各適量。

做法： ①車厘子洗淨，去蒂。

②葡萄洗淨，去皮、去籽。

③乳酪與葡萄果肉一起放入榨汁機中榨汁。

④在葡萄乳酪汁中加入車厘子、檸檬皮即可。

星期四 Thu.

健康食譜

銀耳中含有的多糖，能阻止血栓的形成，經常食用不僅可滋陰潤肺，還可降血壓。可在銀耳中加些水果熬成銀耳羹，在兩餐之間食用。需要注意的是 400 克水果與 50 克的大米或白麵熱量相當，多食用水果的同時注意減少主食的攝入。

銀耳富含多種氨基酸和礦物質，適宜高血壓患者食用。

早餐 銀耳紅棗粥

材料： 紅棗 4 顆，粳米 100 克，乾銀耳適量。

做法： ①將銀耳放入碗內，用清水泡發。

②將紅棗去核，粳米洗淨，放入鍋內，加適量水，大火煮沸，慢煮 20 分鐘。

③加入銀耳，再用小火慢熬 30 分鐘，待紅棗熟爛即可。

降糖降壓

馬鈴薯的熱量很低，而且不含膽固醇，可代替主食。

午餐 炒馬鈴薯絲

材料： 燈籠椒 50 克，馬鈴薯 200 克，醬油、醋、鹽各適量。

做法： ①馬鈴薯去皮切絲，浸泡；燈籠椒洗淨切絲。

②油鍋燒熱，放燈籠椒絲煸炒，再倒入馬鈴薯絲翻炒，加調料炒勻即可。

午餐　茄子炒苦瓜

材料： 茄子 200 克，燈籠椒、紅甜椒各 30 克，苦瓜、蒜瓣、生抽、蠔油、鹽各適量。

做法： ①茄子洗淨，去皮，切條；苦瓜洗淨，去瓤，切條；燈籠椒和紅甜椒洗淨切條；蒜瓣切粒。

②油鍋燒熱，爆香蒜粒，倒入茄子條翻炒至呈半透明，再倒入苦瓜條翻炒變軟，放入燈籠椒條和紅甜椒條，調入鹽、生抽、蠔油，略加水，炒勻即可。

茄子中維他命 P 的含量遠遠高於其他蔬菜水果，維他命 P 可防止微血管破裂。

降低膽固醇

晚餐　涼拌木耳

材料： 乾木耳、麻油、芫荽末、蔥花、鹽各適量。

做法： ①乾木耳泡發，去蒂，撕成小朵後，放入沸水中煮 3~5 分鐘，撈出，瀝乾。

②木耳加鹽、麻油拌勻，撒上芫荽末、蔥花即可。

木耳要隨吃隨泡。

晚餐　車厘子銀耳桂花湯

材料： 車厘子 100 克，乾銀耳 3 朵，桂花適量。

做法： ①車厘子去蒂，洗淨；乾銀耳泡發，洗淨，去蒂，撕成小朵。

②車厘子與銀耳一起入鍋，加水燒開，放入桂花，改小火慢煮。待銀耳熟爛，盛出即可。

車厘子富含類黃酮，可改善血管彈性。

星期五 Fri.

健康食譜

高血壓患者可在日常生活中注意多攝入含鈣多的食物，如果對於牛奶不耐受，可選擇乳酪或者其他一些含鈣多的食物，如奶酪、綠色蔬菜、堅果、蝦皮、紫菜等。

早餐 乳酪拌蘋果

番茄中的維他命 B_6 及葉酸，能有效降低腦卒中（中風）的發病率。

材料： 蘋果 1 個，番茄半個，原味低脂乳酪 175 毫升。

做法： ①將乳酪倒入碗中。

②蘋果、番茄分別洗淨，切成小丁，加入乳酪中拌勻即可。

午餐 桑葚山藥葱花粥

山藥中含有豐富的纖維素和生粉酶，有降低膽固醇的功效。

材料： 桑葚 30 克，山藥、粳米各 100 克，葱花適量。

做法： ①桑葚洗淨；山藥去皮洗淨，切小塊；粳米洗淨，浸泡 30 分鐘。

②鍋置火上，放入桑葚、粳米和適量水，大火燒沸後改小火煮熟。

③待粥煮熟時，放入山藥塊、葱花，小火繼續熬煮至熟爛即可。

白蘿蔔含有芥子油和膳食纖維，利於排出體內廢物及降低膽固醇含量。

午餐 素炒白蘿蔔

材料： 白蘿蔔 200 克，鹽適量。

做法： ①白蘿蔔洗淨切絲。

②油鍋燒熱，下白蘿蔔絲快速翻炒。將熟時，加適量鹽調味即可。

蝦皮含有豐富的鈣，素有「鈣庫」之稱。

晚餐 蝦皮豆腐湯

材料： 豆腐 100 克，蝦皮 10 克，鹽適量。

做法： ①豆腐洗淨，切塊。

②鍋中加水燒熱，放豆腐塊，煮至熟爛，撒上蝦皮，稍煮，調入鹽即可。

健康食譜

除了蔬菜外，高血壓患者可多攝入冬菇、杏鮑菇等菌類。冬菇中所含的蛋白質、多種維他命能夠抑制體內膽固醇含量上升，預防高血壓併發症的發生。

芹菜含有豐富的維他命P，能降低毛細血管通透性。

早餐 芹菜根紅棗湯

材料： 芹菜根100克，紅棗6顆，鹽適量。

做法： ①芹菜根洗淨，切段；紅棗洗淨。

②將芹菜根和紅棗一同放入砂鍋中，加適量清水，大火煮沸，轉小火煮30分鐘，調入鹽即可。

降糖降壓

冬菇和肉類搭配可補鐵、補鈣。

早餐 豆角冬菇瘦肉粥

材料： 粳米80克，瘦肉20克，冬菇20克，豆角、鹽各適量。

做法： ①瘦肉、冬菇洗淨切丁；豆角洗淨切小段。

②所有食材加水熬成粥，加鹽調味即可。

泥鰍的脂肪含量很少，而其中的鐵和鈣含量卻非常豐富。

午餐　泥鰍豆腐羹

材料： 鮮豆腐 100 克，泥鰍 150 克，粟米鬚 30 克，鹽、胡椒粉各適量。

做法： ①豆腐洗淨切塊；粟米鬚洗淨裝入布包中。

②將泥鰍收拾乾淨，與粟米鬚、豆腐塊共入砂鍋，加適量水煎煮，待爛熟後加入鹽、胡椒粉拌勻即可。

降低膽固醇

切忌飲此菜的湯汁。

午餐　黑豆煲蓮藕

材料： 黑豆 15 克，蓮藕 200 克，紅棗 5 顆，雞肉、鹽、白胡椒、葱段、薑片、料酒各適量。

做法： ①蓮藕去皮切塊；紅棗洗淨去核。

②將雞肉放入開水鍋裏，加入料酒汆去腥味後撈出，加葱段、薑片、黑豆、紅棗、蓮藕及調料，大火煮沸。開鍋後改用小火燉 1 小時左右即可。

黑豆中的鉀可以排除人體中多餘的鈉，從而有效預防和降低高血壓。

午餐　雜豆糯米粥

材料： 糯米 100 克，核桃 2 個，紅棗 4 顆，花生米、大豆、山楂、黑豆各適量。

做法： ①核桃去殼取仁，紅棗洗淨去核；山楂洗淨切片，再和花生米、大豆、黑豆一起用溫水浸泡半小時。

②糯米用冷水浸泡半小時後，開水下鍋，大火燒開轉小火。

③放入其他食材，熬熟即可。

牛肉中鋅含量很高，鋅可以減少膽固醇的含量，防止動脈硬化。

午餐 牛柳拌蔬菜

材料： 牛柳肉 200 克，杏鮑菇 150 克，小葱 80 克，甜麵醬、白醋、鹽各適量。

做法： ①牛柳肉洗淨切絲，放入沸水焯燙。

②杏鮑菇洗淨切絲；小葱洗淨切段，與杏鮑菇一起放入沸水中略燙撈出。

③全部食材盛盤，加入甜麵醬、白醋、鹽，拌勻即可。

晚餐 清炒萵筍葉

材料： 萵筍葉 200 克，紅椒絲 10 克，鹽、蒜末、醋各適量。

做法： ①萵筍葉擇洗乾淨，切段。

②油鍋燒熱，蒜末爆香，放入萵筍葉翻炒。待萵筍葉變熟，調入鹽、醋翻炒均勻，撒上紅椒絲即可。

晚餐 冬菇炒豌豆苗

材料： 鮮冬菇 200 克，豌豆苗 250 克，鹽適量。

做法： ①豌豆苗洗淨，擇成長段，控乾水；冬菇洗淨去蒂，入沸水鍋中略焯撈出，擠去水分，切條。

②油鍋燒熱，下冬菇條炒香，然後下豌豆苗段，加鹽炒勻即可。

冬菇含有優質蛋白、多種氨基酸，能夠起到降壓、降脂、降膽固醇的功效。

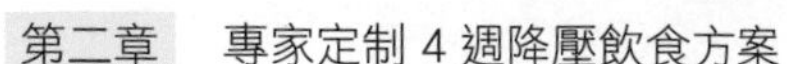

常食綠豆能降膽固醇、降血脂，是高血壓患者的理想膳食。

晚餐　綠豆薏米湯

材料： 綠豆 25 克，薏米 50 克。

做法： ①綠豆、薏米淘洗乾淨。

②綠豆、薏米入砂鍋，加水浸泡 30 分鐘。

③上火煮熟後關火，再焗 15 分鐘即可。

南瓜中的可溶性纖維素、果膠能減少膽固醇的吸收，降低血液中膽固醇濃度。

加餐　南瓜凍糕

材料： 南瓜 200 克，牛奶 100 毫升，魚膠粉、椰奶各適量。

做法： ①南瓜去皮，切成小塊蒸熟。

②把南瓜、牛奶、椰奶放進攪拌器裏，攪拌成漿。

③魚膠粉加水，加熱至溶化後倒入南瓜奶漿中，再攪勻。

④盛碗，放進冰箱冷卻 1 小時即可。

奇異果中的肌醇可調節糖代謝，且維他命 C 含量豐富，可維持血管彈性。

加餐　奇異果薄荷汁

材料： 奇異果 3 個，蘋果 1 個，薄荷葉 2~3 片。

做法： ①將所有原材料洗淨，奇異果去皮，切成塊；蘋果洗淨，去核，切塊。

②將薄荷葉、奇異果塊、蘋果塊一起打成汁即可。

星期日 Sun.

健康食譜

高血壓患者平時可多飲用菊花茶。菊花有疏散風熱、平抑肝陽、清肝明目的功效，尤其對於高血壓伴頭暈目眩及情緒不穩的患者有調理作用。菊花也可與其他中藥，如決明子搭配熬粥食用。

菊花有擴張冠狀動脈的功效。

早餐 決明子菊花粥

材料： 決明子 30 克，菊花 10 克，粳米 100 克。

做法： ①先將決明子、菊花洗淨，加清水適量煎煮 30 分鐘，去渣取汁。

②藥汁、淘洗乾淨的粳米及適量清水，小火慢熬成粥即可。

降脂降壓

黑芝麻滋五臟，益精血，補鈣。

午餐 菠菜拌黑芝麻

材料： 菠菜 300 克，熟黑芝麻、生抽、鹽各適量。

做法： ①菠菜洗淨，切段，用開水焯一下，過涼水。

②菠菜放到盤子中，加入生抽、鹽，攪拌均勻，撒上熟黑芝麻即可。

午餐　番茄菠菜麵

材料： 麵條 100 克，番茄、雞蛋各 1 個，菠菜 50 克，鹽適量。

做法： ①雞蛋打勻；菠菜洗淨切段；番茄用熱水燙過後，去皮切成塊。

②油鍋燒熱後放入番茄塊煸出湯汁。鍋內加入清水，燒開後放入麵條，煮至完全熟透；將蛋液、菠菜段放入鍋內，大火再次煮沸，出鍋時加鹽調味即可。

降脂降壓

椰菜花維他命 C 含量高，還含有豐富的礦物質，對高脂血症患者有好處。

午餐　洋葱椰菜花馬鈴薯湯

材料： 馬鈴薯 100 克，洋葱、椰菜花各 80 克，鹽、胡椒粉各適量。

做法： ①馬鈴薯去皮，切丁；洋葱洗淨，切絲；椰菜花切塊。

②油鍋燒熱，下洋葱炒香，然後放入椰菜花炒軟。加適量水，燒沸，放馬鈴薯丁，煮熟後加調料調味即可。

芹菜葉含有大量的維他命 C，降壓效果比莖更佳。

午餐　爽口芹菜葉

材料： 芹菜葉 120 克，紅甜椒 80 克，鹽、麻油各適量。

做法： ①芹菜葉洗淨後放入盤中。

②紅甜椒洗淨切丁，撒在芹菜葉上。拌入調料調味即可。

晚餐 腐竹粟米豬肝粥

材料：鮮腐竹 20 克，粳米、粟米粒各 30 克，豬肝、鹽、蔥花各適量。

做法：①鮮腐竹切段；粳米、粟米粒淘洗乾淨；豬肝洗淨，稍燙後切薄片，用鹽醃製調味。
②將腐竹段、粳米、粟米粒放入鍋中，加水煮熟；將豬肝片放入鍋中，轉大火再煮 10 分鐘，放鹽調味，撒上蔥花即可。

此菜可降壓、安神。

晚餐 西芹炒百合

材料：西芹 150 克，乾百合 20 克，鹽、紅甜椒絲、黃椒絲各適量。

做法：①將西芹洗淨，去葉切段；百合去外膜洗淨，浸泡。
②將油鍋燒熱，加西芹段、百合熱炒，放鹽調味，撒上紅甜椒絲、黃甜椒絲即可。

奇異果富含精氨酸，能有效改善血液流動，有助阻止血栓形成。

加餐　奇異果乳酪

材料： 奇異果 1 個，乳酪 200 克。

做法： ①奇異果去皮，切成片。
②將奇異果拌入乳酪即可。

西瓜含水量高，可利尿、降壓。

加餐　紅蘿蔔西瓜汁

材料： 西瓜 100 克，紅蘿蔔 30 克。

做法： ①西瓜去皮，取瓤，切塊；紅蘿蔔去皮，洗淨，切丁。
②將西瓜塊、紅蘿蔔丁放入料理機，加涼白開水榨成汁即可。

高血壓併發症飲食療法

本章講述了幾種高血壓常見併發症的常見症狀、飲食關鍵點以及護理方法等，並且配以健康食譜，讓高血壓伴有併發症的患者清楚宜食甚麼，忌食甚麼。

高血壓併發糖尿病

高血壓和糖尿病看似關係不大，但經常「結伴而行」，又稱「姐妹病」，二者相互影響。糖代謝紊亂會加速動脈硬化的形成，而高血壓患者血管壁增厚變硬，也會促使糖尿病患者的病情加重。因此在飲食上，既要控制血壓升高，又要控制糖分的攝入。在攝入充足的鈣和維他命 C 的同時，不宜食用過甜或過鹹的食物，要多攝入富含膳食纖維的食物。

發病症狀

早期一般沒有明顯症狀，有時可能會有頭痛、頭暈、眼花或失眠等症狀；時間久了血壓會持續升高，並可能出現心、腎等人體重要器官受損等症狀。

飲食關鍵點

1. 控制食物攝入，做到熱量平衡。

嚴格控制米、麵等碳水化合物的攝入量，科學計算每天攝取的總熱量，切勿超標。

2. 忌油炸、煙熏食物。

油炸食品會引起血脂升高，增加腦血管疾病的發病危險。高鈉食物會造成血容量增加，血壓升高，加重心臟負擔。

3. 控制零食。

減少每天吃零食的次數和分量，不吃糖果、朱古力等高糖、高脂肪食物。

4. 多吃富含膳食纖維的食物。

膳食纖維不僅能清除體內多餘的脂肪，還能給腸胃帶來飽腹感，從而減少食量，達到降低血糖、穩定血壓的作用。

護理方法

1. 調節患者情緒。

當糖尿病患者情緒激動時，容易引起血壓升高，患者應控制自己的情緒，儘量轉移注意力；患者家人也應該多與患者交流，平復患者情緒。

2. 適當運動。

高血壓併發糖尿病患者可進行快走、散步、太極拳和五禽戲等平緩的運動。

3. 食療控血壓。

吃一些降壓食物，也可以常喝降壓茶，輔助控制血壓平衡。另外，高血壓併發糖尿病患者也要注意控制飲食，飲食應清淡，常吃富含鈣質的食物，限制鹽和糖的攝入，並控制主食量。

健康食譜

高血壓併發糖尿病患者應注意多攝入富含鈣和維他命 C 的食物，如奶類及奶製品，豆製品，小棠菜、芥蘭等綠色蔬菜，以及海帶、牡蠣、紫菜、蝦皮、蝦米等海產品。鈣具有調節血壓的作用，維他命 C 可以促進脂代謝，維持血管彈性，預防心血管併發症。

西米具有生津止渴、補脾養胃的功效。

車厘子西米露

材料：西米 50 克，車厘子 10 克。

做法：①將車厘子洗淨；西米淘洗乾淨，用冷水浸泡。

②鍋中加水，加西米，用大火煮沸後，改用小火煮至西米浮起，下車厘子，待車厘子浮起即可。

降糖降壓

檸檬富含維他命 C 和維他命 P，能增強血管彈性和韌性。

蘆薈檸檬汁

材料：蘆薈葉 50 克，檸檬 10 克。

做法：①將蘆薈葉洗淨，去皮，切成小方丁。

②檸檬切片，搗碎出汁。

③將檸檬汁和適量涼開水混合，將蘆薈丁放入檸檬水內即可。

牛奶牡蠣煲

材料：牡蠣肉 100 克，牛奶 100 毫升，葱段、薑絲、蒜末、鹽各適量。

做法：①牡蠣肉洗淨，放入沸水內稍燙後撈起備用。
②燒熱油鍋，放入薑絲、蒜末、葱段爆香，下牡蠣肉一同爆炒片刻，倒入牛奶。
③加蓋煮 7~8 分鐘，加少許鹽，炒勻即可。

猴頭菇含有豐富的鉀，可促進鈉的排泄，有利於防治心血管疾病。

燒猴頭菇

材料：泡發猴頭菇 300 克，醬油、葱絲、薑絲、紅辣椒末、花椒粉、生粉水、鹽各適量。

做法：①猴頭菇去蒂，洗淨切塊。
②熱油鍋，下葱絲、薑絲、紅辣椒末熗鍋，放猴頭菇塊略炒，加水燒沸，加調料，小火煮 5 分鐘左右，生粉水勾芡即可。

馬齒莧具有解毒、消炎、利尿、消腫的功效，對糖尿病有一定輔助治療的作用。

涼拌馬齒莧

材料：馬齒莧 150 克，生抽、鹽、醋、辣椒碎、麻油各適量。

做法：①將馬齒莧洗淨焯水，擠掉多餘水分，剁碎裝盤。
②將鹽、生抽、醋、麻油、辣椒碎倒入盤中拌勻即可。

高血壓併發高脂血症

高血壓併發高脂血症患者的日常調養除了要適量運動，還要進行食療，控制脂肪的攝入。飲食要清淡，多吃新鮮蔬菜和粗糧，能起到輔助治療的作用。

發病症狀

輕度高脂血症患者通常沒有不舒服的感覺；重度高脂血症患者會出現頭暈目眩、頭痛、胸悶、氣短、心慌、胸痛、乏力、口眼歪斜、不能説話、肢體麻木等症狀，嚴重者會引發冠心病、腦卒中（中風）等疾病。

飲食關鍵點

1. 節制主食。

體重超重或肥胖者尤應注意節制。忌食高糖食物及甜食。

2. 合理進食。

控制動物肝臟及其他內臟的攝入量，對動物腦、蟹黃、魚籽等食材的攝入要嚴格限制。

3. 多吃蔬果。

多食用蔬菜、水果、粗糧等，保證適量食物纖維、維他命、礦物質的攝入。尤應多食用含維他命 C、維他命 E、維他命 B_6 等豐富的食物。

4. 控制動物油脂攝入。

用植物油烹調，儘量減少動物油脂的攝入。

5. 適當喝茶。

茶葉中含有一種叫茶多酚的物質，具有增強血管柔韌性，預防動脈硬化的作用。因此，高脂血症患者適當飲茶，可以消除油膩，從而達到減輕體重的目的。但是要注意，高血壓併發高脂血症患者不宜喝濃茶，否則會刺激血壓升高。

6. 平時多喝白開水。

白開水是高脂血症患者最為理想的飲品，含有人體所需的多種礦物質。高脂血症患者往往血液黏稠，很容易形成血栓。大量喝水可以改善體內血液黏度，加快新陳代謝，保持體內血液的循環通暢。

7. 補充植物蛋白和鉀、鈣元素。

豆製品、蛋類等食物含有豐富的卵磷脂，能夠降低血液中的膽固醇，淨化血液。鉀能維持血壓穩定，如果體內鉀元素含量升高，血壓就會降低。缺鈣可引起血膽固醇和甘油三酯升高。因此，宜多吃芹菜、紫菜、蓮子、番茄、冬菇、海帶、大豆等鉀、鈣元素含量高的食物。

8. 正確服用降脂藥物。

高脂血症一般會有高血壓、高血糖等併發症，所以高脂血症患者要在醫生的指導下，合理用藥，不可隨意增減藥量或更換藥物。

高脂血症患者不能過多食用脂肪含量高的食物，還要控制每天攝入的熱量，否則很容易導致營養失衡，鈣質流失。所以應補充一定量的鈣，多食用豬瘦肉、魚蝦、奶製品、豆製品等，補充身體所需營養素，達到營養均衡。

健康食譜

食物成分對血脂和血壓的影響是很明顯的，高血壓和高脂血症患者的飲食一定要遵循低脂肪、低膽固醇的原則。飲食中適量多吃洋蔥、魚類，可以用橄欖油烹飪。

雞蛋紫菜餅

材料： 紫菜 10 克，麵粉 150 克，雞蛋 2 個，鹽適量。

做法： ①用清水將紫菜洗淨後撈出，紫菜切碎打入雞蛋，攪拌均勻後加入麵粉、清水、鹽攪拌成糊狀。

②油鍋燒熱，倒入麵糊，小火煎熟即可。

洋蔥有助阻止血小板凝聚，並加速血液凝塊溶解。

洋蔥炒黃鱔

材料： 黃鱔 100 克，洋蔥 200 克，醬油、鹽各適量。

做法： ①將黃鱔清理乾淨，切塊；洋蔥切片。

②油鍋燒熱，先放入黃鱔塊煎半熟，再放入洋蔥，翻炒片刻。

③加鹽、醬油、少量清水，燜片刻，至黃鱔熟透即可。

五彩山藥蝦仁

材料： 山藥200克，豌豆角60克，紅蘿蔔60克，蝦仁150克，鹽、料酒各適量。

做法： ①豌豆角擇洗乾淨；紅蘿蔔洗淨切條；山藥洗淨，去皮，切長條，入沸水中焯燙再泡水備用；蝦仁洗淨，用料酒醃20分鐘。

②撈起蝦仁後，把山藥條、豌豆角、紅蘿蔔條、蝦仁一起入油鍋，炒熟，等湯汁稍乾，加鹽調味即可。

枸杞子有調節血糖，降低膽固醇，增強免疫力的功效。

枸杞牛膝粟米粥

材料： 粟米麵100克，枸杞子15克，牛膝20克，薑絲、葱絲、鹽各適量。

做法： ①將粟米麵加清水，調稀。

②鍋內加入適量清水燒沸，放入牛膝、枸杞子，再加入稀粟米麵，攪勻。用小火煮25分鐘，加入葱絲、薑絲、鹽拌勻即可。

蒟蒻是降脂減肥的極佳食品，肥胖併發心血管疾病的人群可以常食。

蒟蒻冬瓜湯

材料： 冬瓜、蒟蒻各200克，蝦米10克，薑片、蒜片、鹽各適量。

做法： ①冬瓜去皮洗淨，去瓤，去籽，切丁；蒟蒻切成丁。

②油鍋燒熱，放蝦米炸一下，再放薑片、蒜片煸炒出香味。

③在鍋裏放水，放入蒟蒻丁、冬瓜丁，燒開。

④煮熟後放適量鹽，調勻後即可。

高血壓併發冠心病

高血壓與冠心病往往相伴而生，長期患高血壓容易引起血管硬化和血管狹窄，從而引發冠心病。高血壓患病時間愈長，冠心病的發病率就會愈高。只有注意日常飲食，養成良好的生活習慣，合理用藥，才能緩解甚至控制冠心病的發展。

發病症狀

早期無任何症狀，隨着病情進一步發展，冠狀動脈供血出現不足，就會出現心絞痛、心肌梗塞、心力衰竭和心律失常等症狀。

飲食關鍵點

1. 限制飲食，控制熱量。

攝入的熱量過高，會使體重增加，對高血壓併發冠心病患者來説是很危險的。儘量控制飲食，調整體重。

2. 飲食要清淡。

少鹽、少糖、少油，飲食一定要清淡，肥肉、動物內臟、蛋黃等食物要少吃或不吃。改變傳統的烹飪方法，以蒸、煮、涼拌為主，避免油炸、煙熏食物。

3. 適當減少動物蛋白質的攝取。

雖然蛋白質是人體必需的物質之一，但攝入過多會增加心臟負擔，可以儘量少吃肉類，以豆製品、奶製品來補充體內蛋白的缺失。

4. 增加膳食纖維的攝入。

新鮮果蔬含有豐富的膳食纖維，既能促進胃腸蠕動，縮短新陳代謝的週期，又能補充人體所需能量，增加飽腹感，減少熱量的攝入。

護理方法

1. 適量服用降壓藥。

不要過量服用降壓藥物，要將血壓控制在一個合理範圍內，避免出現低血壓的情況。因為低血壓可導致心跳加速，加重心臟的負荷與心肌缺氧的情況，從而加重冠心病症狀。

2. 合理膳食。

合理控制熱量攝入，保持理想體重，適當增加新鮮蔬菜、低糖水果、粗糧等富含膳食纖維食物的攝入，保證必需的礦物質、維他命的供給，能有效防治高血壓併發冠心病。

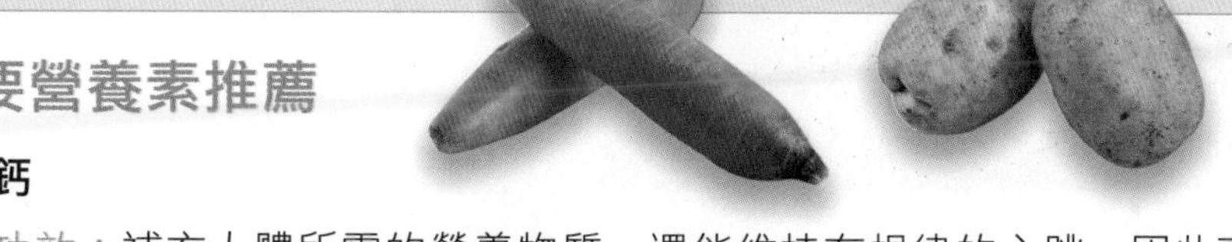

重要營養素推薦

鈣

功效：補充人體所需的營養物質，還能維持有規律的心跳，因此高血壓併發冠心病患者要補充足夠的鈣。

富含鈣的食物：脫脂牛奶、海帶、紫菜、豆腐、豆腐乾、芥蘭等。

維他命 C

功效：維他命 C 具有抗氧化的功效，能夠軟化血管，增加血管彈性，防止動脈硬化。如果維他命 C 攝入不足，會增加患心臟病的風險，導致心臟病加重。

富含維他命 C 的食物：奇異果、紅棗、蘋果、橘子、橙、大白菜、西蘭花、椰菜、綠豆芽、豌豆苗等。

蛋白質

功效：蛋白質是人體必需的營養元素，高血壓併發冠心病患者每日從食物中攝取的蛋白質含量，以每千克體重不超過 1 克為宜，要多吃奶製品、豆製品、魚類等食物。

富含蛋白質的食物：脫脂牛奶、無糖乳酪、豆漿、鯽魚、鯉魚等。

健康食譜

高血壓患者併發冠心病的飲食，要控制熱量，少食膽固醇和脂肪含量高的食物，適量多吃紅色的植物性食物，如紅豆、石榴、草莓等。

豆渣餅

材料： 豆渣50克，麵粉100克，雞蛋2個，鹽、黑芝麻各適量。

做法： ①麵粉加入豆渣中，加入雞蛋和清水攪拌均勻，加入鹽、黑芝麻繼續攪拌。

②油鍋燒熱倒入麵糊，小火煎熟即可。

火龍果含豐富的維他命和水溶性膳食纖維，利於降壓。

牛奶火龍果飲

材料： 火龍果100克，脫脂牛奶100毫升。

做法： ①將火龍果外皮的鱗片去除，頭尾去掉，洗淨。

②果皮連同果肉一起切塊、放入榨汁機內，加入適量的白開水，榨成汁。

③將火龍果汁與脫脂牛奶混合攪拌即可。

蘿蔔牛肉湯

材料： 牛肉 100 克，白蘿蔔 100 克，薑片、鹽各適量。

做法： ①將牛肉、白蘿蔔洗淨，切塊。

②把煲湯鍋中的水燒開，放入牛肉塊、薑片燉至八成熟，然後加入白蘿蔔塊，最後加入鹽調味即可。

鯉魚降糖減脂，紅豆補心，適合高血壓併發冠心病的人群食用。

紅豆鯉魚

材料： 鯉魚 1 條，赤小豆 50 克，鹽適量。

做法： ①將鯉魚清理乾淨。

②待鍋燒熱後加水燒沸，下鯉魚、赤小豆、鹽，煮至魚熟即可。

蘋果芹菜汁

材料： 蘋果半個，芹菜 30 克，溫開水適量。

做法： ①將芹菜擇洗乾淨，切成小段。

②蘋果去皮，去核，切成小塊。

③將芹菜段、蘋果塊放入榨汁機中，加溫開水榨汁即可。

高血壓併發痛風

高血壓病常伴隨痛風，兩者互為因果，還可能加重動脈硬化和腎硬化，所以高血壓併發痛風的患者在飲食上更應該限制鈉鹽的攝入。高血壓併發痛風的人群每天攝取鈉鹽的量應控制在 6 克以下，每日飲用 2000 毫升左右的水，加速排出尿液，能夠在一定程度上控制高血壓。

發病症狀

痛風發作時，不僅嚴重影響關節的功能，甚至影響患者的日常生活，如睡覺、大小便等。痛風前期為高尿酸血症，沒有症狀表現，通常在體檢中測出。有的痛風患者會出現以關節疼痛為主的痛風急性發作。痛風的中期症狀比較明顯，起病急驟，夜間突然發作，開始為單關節紅、腫、熱、痛，並有活動障礙，常伴有畏寒、寒戰、發熱等症狀。有時有疲憊、厭食、頭痛的症狀，通常 1~2 週症狀可緩解。

關節初期表現為單關節炎，每次發作持續數天至數週，其後自然緩解。但間歇數月或數年後又可復發，隨復發次數的增加，間歇期逐漸縮短。

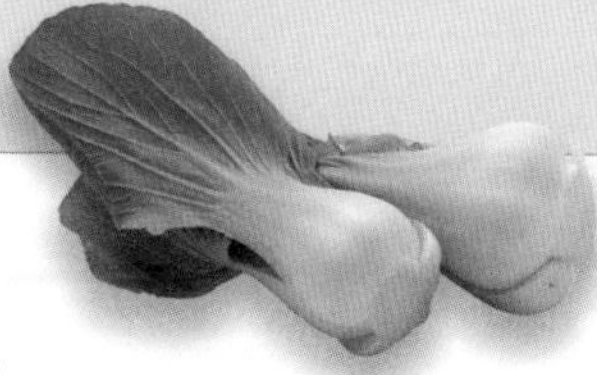

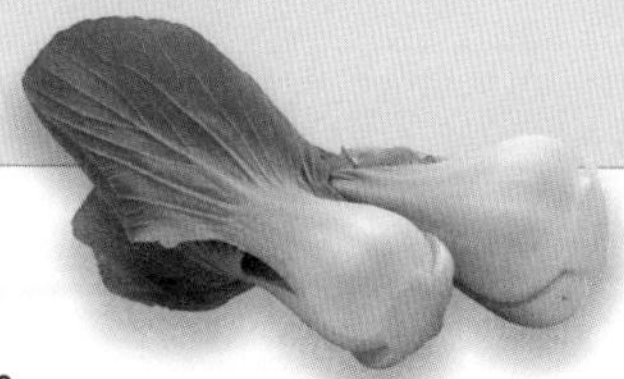

飲食關鍵點

1. 限制鹽的攝入。

高血壓併發痛風患者應當嚴格控制飲食，保持口味清淡，限制鹽的攝入，多吃含鉀豐富的蔬菜。

2. 宜食低嘌呤食物。

限制高脂肪及高膽固醇食物的攝入，限制食用高糖和嘌呤含量高的食物。

3. 攝入蛋白質。

牛奶、雞蛋是良好的蛋白質來源，也可適量食用瘦肉、魚肉。

護理方法

痛風發作時，疼痛劇烈，甚至難以忍受，所以怎樣止痛，緩解疼痛是首要之急，可用以下方法緩解疼痛。

1. 可用秋水仙鹼緩解疼痛。

秋水仙鹼是治療痛風急性發作的首選藥物，最佳的用藥時機是急性發作的早期，特別適合伴有潰瘍病或手術恢復期的急性發作者，可遵醫囑服用。

2. 大量飲水。

急性疼痛期，需要大量飲水，最好是溫開水、弱鹼性天然礦泉水或蔬菜汁。

3. 冰敷快速緩解疼痛。

急性疼痛發作時，如果難以忍受，也可以採用冰敷的方法，暫時緩解痛風帶來的疼痛感。但是切記不要把冰塊直接貼到皮膚上。

健康食譜

高血壓併發痛風患者在日常生活中應避免進食動物內臟、魚蝦類食物，火鍋也要少吃，尤其不能喝火鍋湯。禁止飲酒，特別是啤酒。需要特別注意的是有些蔬菜，如蘆筍、椰菜花、四季豆、青豆、豌豆、菠菜、蘑菇等也含有較高的嘌呤，伴痛風病的高血壓患者也要少吃。

蘋果含有的類黃酮，有抗動脈粥樣硬化的作用。

蘋果葡萄乾粥

材料： 蘋果 1 個，粳米 100 克，葡萄乾適量。

做法： ①蘋果洗淨，削皮，切成丁；粳米和葡萄乾分別洗淨。

②鍋中加水，燒沸，放粳米煮至七八成熟，放蘋果丁和葡萄乾，煮至米熟粥稠即可。

也可加入紅蘿蔔、青瓜等食材。

苦瓜雞蛋餅

材料： 苦瓜半根，雞蛋 1 個，葱花、鹽各適量。

做法： ①苦瓜去籽和瓤，切片，用鹽拌勻，再入冰水浸泡 20 分鐘，撈起後切碎。

②雞蛋打散，加葱花、鹽、苦瓜碎攪拌均勻。

③油鍋燒熱，倒入苦瓜雞蛋液，小火慢煎至熟即可。

豬血含有豐富的鐵，有補血的功效。

番茄炒豬血

材料： 豬血 100 克，番茄 1 個，乾木耳 5 朵，蔥花、蒜末、料酒、鹽、醋各適量。

做法： ①豬血切薄片；番茄洗淨切塊；乾木耳泡發洗淨，撕小朵。

②油鍋炒香蔥花、蒜末，入豬血片炒至變色。加水燒沸，放入番茄塊、木耳，調入料酒、鹽、醋稍煮即可。

芒果茶

材料： 芒果、綠茶各適量。

做法： ①將芒果去皮，去核，果肉切塊，加水煮沸。

②加入綠茶即可。

菠蘿中的菠蘿酶有助消化、降脂作用。

菠蘿梨汁

材料： 菠蘿 50 克，梨 1 個。

做法： ①菠蘿去皮，榨汁；梨去皮、核，榨汁。

②將菠蘿汁和梨汁混勻即可。

高血壓併發肥胖症

肥胖者的皮下脂肪較厚，會使毛細血管大大擴充，增加血容量、血液循環量，從而增加了心臟的負荷。在正常心率下，心搏出量大大增加，心臟的負擔長期過重，會誘發左心室肥厚，導致血壓升高。

飲食關鍵點

1. 少食多餐，避免過飽。

高血壓患者三餐應按時吃，飲食要清淡，少食多餐。三餐不定時，饑飽無度，極有可能造成暴飲暴食，加劇高血壓等心血管疾病的發作。因此，要養成合理的飲食習慣，三餐要準時吃，適量吃。肥胖是高血壓的重要誘因之一。平日吃得過飽會使血液集中於胃部，造成腦供血不足，促使脂肪堆積，導致肥胖的發生。總之，應遵循每餐吃七八分飽即可。

2. 不吃甜食。

對於甜食，過量食用不僅容易增重，而且含糖量高，容易導致血壓升高。

3. 限制脂肪的攝入量。

每日食油量應嚴格控制，不吃肥肉、動物內臟，注意控制堅果類食物的攝入量，不能過多。

4. 保證蛋白質供給。

可以選擇肉類、牛奶、蛋類等優質的蛋白質來源。蛋白質是生命存在的物質基礎，是機體細胞的重要組成部分。對於高血壓患者來說，優質蛋白質可促進體內多餘的鈉排出體外，預防體內鈉元素過多而引起的血壓升高。因此，高血壓患者要注意補充蛋白質。

5. 飲食多樣化，保持維他命和礦物質攝入平衡。

人體需要維他命 B 雜、維他命 C，可以通過多吃新鮮蔬菜及水果來滿足。如每天吃 1 個蘋果，有益於健康，還可補充鈣、鎂等礦物質。

6. 堅持運動，可選擇慢跑、跳繩等有氧運動有利於消耗脂肪。

慢跑的運動強度較小，每次慢跑時間控制在 30~60 分鐘。

跳繩是一種非常有效的有氧運動，也是一項健美運動。它不但能強化心肺功能以及身體各主要部位的肌肉，還可訓練平衡感和身體的敏捷度，對提高身體協調性、增強骨密度、減重等都有相當大的幫助。

健康食譜

據醫學研究證實，高血壓併發肥胖人群通過減肥可使血壓下降。應禁食高熱量、高脂肪、高膽固醇的食物；增加膳食纖維的攝入，如蒟蒻、白菜，不僅有飽腹感，還能減少熱量的攝入，有利於減肥。

鯽魚豆腐湯

材料：鯽魚 1 條，豆腐 50 克，鹽、葱花、芫荽末各適量。

做法：①將鯽魚處理乾淨，魚身兩側劃幾道花刀；豆腐切片，入沸水鍋中焯水，撈出瀝水。
②鍋中放油燒熱，放鯽魚煎至兩面金黃，加適量的水，大火燒 10 分鐘，加豆腐片，燒開後轉小火燉熟，加適量的鹽、葱花、芫荽末調味即可。

冬菇通心粉

材料：通心粉 50 克，馬鈴薯、紅蘿蔔各 60 克，冬菇 20 克，蝦、鹽各適量。

做法：①將馬鈴薯去皮，洗淨，切丁；紅蘿蔔洗淨，切丁；冬菇洗淨，切成片；蝦去頭、尾、蝦線，洗淨。
②將馬鈴薯丁、紅蘿蔔丁、冬菇片、蝦放入鍋中，加水煮熟，撈出。
③鍋中加水燒開，放入通心粉，調入適量鹽，煮熟放入大盤中，放馬鈴薯丁、紅蘿蔔丁、蝦、冬菇片即可。

紅燒杏鮑菇

杏鮑菇具有降血脂、降膽固醇、防治心血管病等功效。

材料：杏鮑菇200克，醬油、芝麻、黃甜椒粒、薑絲、蔥段、鹽各適量。

做法：①杏鮑菇去雜質，洗淨切片。

②炒鍋放植物油燒熱，放入蔥段、薑絲炒香。

③放入杏鮑菇片，加醬油、鹽，燒沸後小火燜10分鐘，轉大火收汁。

④杏鮑菇片裝盤，澆上鍋中湯汁，撒上芝麻、黃甜椒粒即可。

清炒蒟蒻絲

火腿不宜過量，調味即可。

材料：蒟蒻200克，火腿、生粉水、蔥絲、薑絲、鹽各適量。

做法：①蒟蒻洗淨切條，火腿切條。

②油鍋燒熱，放入蔥絲、薑絲、火腿條炒香。

③加入蒟蒻條、鹽，炒入味，用生粉水勾芡即可。

木耳炒白菜

木耳、白菜含有膳食纖維，降脂降壓效果好。

材料：木耳6朵，白菜200克，生粉水、花椒粉、鹽、醬油、蔥花各適量。

做法：①木耳洗淨，撕成小片；白菜洗淨，切片。

②熱油鍋，加花椒粉，下白菜片煸炒至油潤透亮，入木耳，加調料煸炒，熟時用生粉水勾芡，撒上蔥花即可。

高血壓併發腎功能減退

高血壓和腎功能減退是相互影響的。血壓過高會損傷腎功能，嚴重時會導致尿毒癥；反之，腎功能受損會使高血壓病情惡化，進而使本來已經很高的血壓繼續升高，加重病情。此類患者在膳食上要注意補充人體所需的維他命、膳食纖維和優質蛋白質，而由於腎功能受損，對於鉀、鈉等礦物質無法及時清除，故應減少鉀、鈉等礦物質的攝取量。

發病症狀

頭暈、頭痛、心悸、失眠、四肢乏力、排尿減少、口臭、厭食、視力下降等。

飲食關鍵點

1. 適量攝入蛋白質。

可選用利用率高的蛋白質，如魚類、乳製品等。雖然高血壓併發腎功能減退患者需要限制蛋白質的攝入，但若體內蛋白質過少，則會導致營養不良，所以可適當選用優質蛋白食物。

2. 不宜過多飲水。

體內水分過多，又不能及時排出，會增加腎臟的壓力，所以應適量減少水分的攝入。

3. 補充維他命。

維他命 D 有利於避免腎病低血鈣，維他命 C 能促進脂肪代謝，穩定血壓，所以要攝入足夠的維他命。

4. 忌飲食過鹹。

根據腎功能情況，攝入食鹽量不同，一般每天少於 5 克，忌吃香腸、鹹菜等高鈉食物。

護理方法

1. 觀察血壓變化。

定期觀察血壓的變化是非常重要的，因為高血壓常是腎臟病惡化的主要因素。如有高血壓，應將血壓控制在正常範圍。定期檢查腎功能情況也是必要的，有利於儘早瞭解腎功能的發展趨勢並給予適當的治療。

2. 注意勞逸結合。

患了腎臟病以後，病情輕時或恢復期，可以承擔一些力所能及的勞動。在急性發作期間應適當臥床休息，症狀嚴重時也要臥床休息。慢性腎臟病患者宜勞逸結合，消除顧慮，保持身心愉快。

健康食譜

高血壓併發腎功能減退的人群，要保證攝入優質的蛋白質，可選食蛋、奶、瘦肉等，還可用薯類、山藥、藕粉等代替部分主食。飲食應遵循食物多樣化的原則，保證飲食清淡，尤其注意限制鈉鹽的攝入，避免油炸及煙熏食物，限制食用豆類食物和高鈉食物。

鮮橙及其配料都是低糖低脂食材，非常適合「三高」人群食用。

鮮橙一碗香

材料： 鮮橙1個，青魚20克，芹菜、洋葱、冬菇各10克，薑末、葱末、料酒、鹽各適量。

做法： ①將鮮橙從2/3處切開，挖去果肉，其他材料均切丁。

②油鍋燒熱，入薑末、葱末翻炒後加入所有食材，入料酒，待炒熟後加鹽調味。

④將炒好的菜丁裝入橙子碗中，入蒸鍋蒸1~2分鐘即可。

清炒蛤蜊

材料： 蛤蜊200克，紅甜椒、黃甜椒各50克，高湯、蒜末、鹽各適量。

做法： ①將蛤蜊放入淡鹽水中浸泡2小時，洗淨；紅甜椒和黃甜椒洗淨，切片。

②油鍋燒熱，放入紅甜椒片和黃甜椒片，爆香後放入蛤蜊，翻炒數下，加適量的高湯，大火煮至蛤蜊張開殼，加鹽、蒜末調味即可。

冬瓜含有豐富的維他命 C，且高鉀低鈉，可利尿降壓。

素燒冬瓜

材料： 冬瓜 200 克，清湯、蔥花、生粉水、鹽各適量。

做法： ①冬瓜去皮洗淨後切成塊。
②冬瓜用沸水焯一下，待八分熟時撈出。
③油鍋燒熱，加蔥花炒香，倒入清湯燒開，放入冬瓜燒熟盛盤。
④鍋內餘汁加鹽，用生粉水勾薄芡，淋在冬瓜上即可。

降低膽固醇

冬菇青菜

材料： 冬菇 100 克，青菜 200 克，鹽適量。

做法： ①冬菇洗淨，切塊；青菜洗淨，切片。
②油鍋燒熱，放冬菇塊翻炒片刻，再放入青菜片翻炒，放鹽調味即可。

山楂中的黃酮有擴張血管和持久降壓的作用。

山楂汁拌青瓜

材料： 小嫩青瓜 200 克，山楂 50 克。

做法： ①小嫩青瓜洗淨，切成條。
②山楂洗淨去籽，放入鍋中加水 200 毫升，在小火上慢熬，待熬濃稠，倒在青瓜條上拌勻即可。

高血壓併發腦卒中（中風）

腦卒中是我國高血壓人群最擔心的一種併發症，高血壓併發腦血管病患者，要保持樂觀心態，積極配合治療，努力降低血壓和血糖。

發病症狀

臨床上高血壓併發腦血栓比腦出血多見，並且可反復出現小腦卒中、偏癱、癡呆，或者完全無腦卒中發作而表現為假性延髓性麻痹。

飲食關鍵點

1. 控制每日攝入的熱量總量。

患者每日多攝入健腦食物，如桂圓、核桃等。減少食用含糖、脂肪高的生粉類食物，忌辛辣，多食用飽腹感強、熱量低的食物。

2. 控制膽固醇、飽和脂肪酸的攝入。

不要吃動物內臟、肥肉、全脂牛奶等高脂肪、高熱量的食物，應以高膳食纖維、高蛋白的食物為主。

3. 每天堅持吃粗糧或雜糧。

粗糧和雜糧富含維他命、礦物質和膳食纖維，有降低膽固醇和預防動脈硬化的作用。

4. 晚餐宜吃早，吃少。

晚餐儘量在臨睡前 4~5 小時進行，以清淡、少糖為宜。進餐時間在 30 分鐘左右為好，細嚼慢嚥，多喝湯，增加飽腹感。

護理方法

1. 降低血壓和血脂。

要有效地降低血壓和血脂，因為血壓不穩和血脂過高，是誘發糖尿病腦血管病變的重要原因之一。

2. 保持心情愉悅，適當運動。

保持心情愉悅，適當做一些帶氧運動，對預防血管硬化和控制血糖有一定作用，運動要持續堅持，效果才會更加明顯。運動後要適當飲水，可減輕血液的黏稠度，防止腦卒中（中風）。

3. 控制飲食。

提倡每餐進食緩慢，七成飽即可。多吃蔬菜，少吃動物脂肪，在無腎病的前提下提倡高蛋白飲食。

健康食譜

高血壓併發腦卒中（中風）的人群要多吃新鮮蔬菜，因為其中富含維他命 C、鉀、鎂和膳食纖維等。維他命 C 可降低血液中膽固醇含量，增強血管的緻密性。飲食中應保證攝入適當蛋白質，常吃些蛋清、瘦肉、魚類和各種粗糧，如黑米等。忌食肥甘厚味。

黑米中富含人體必需的微量元素硒，能清除沉積在血管壁上的脂肪。

黑米饅頭

材料： 黑米麵 50 克，小麥麵粉 100 克，酵母粉適量。

做法： ①將小麥麵粉、黑米麵和酵母粉混合，加入水，揉成光滑的麵糰，放在溫暖處發酵。

②將發酵好的麵糰取出，揉勻後搓成長條，切成每個約 50 克的麵塊。將麵坯擺入蒸鍋，醒發 20 分鐘。

③醒發後先大火隔水燒開，再轉中火蒸 25 分鐘即可。

此菜營養豐富，能提供大腦所需營養。

五寶蔬菜

材料： 馬鈴薯、紅蘿蔔各 150 克，馬蹄 3 顆，蘑菇 2 朵，乾木耳 3 朵，鹽適量。

做法： ①乾木耳用水泡發；蘑菇、紅蘿蔔洗淨，切片；馬鈴薯、馬蹄去皮洗淨，切片。

②鍋中加油燒熱，先炒紅蘿蔔片，再放入蘑菇片、馬鈴薯片、馬蹄片、木耳翻炒，炒熟後加適量鹽調味即可。

冬瓜中含豐富的鉀和維他命 C，脂肪含量低。

冬瓜肉末麵條

材料： 冬瓜 30 克，豬肉末 10 克，龍鬚麵 50 克，清湯、鹽各適量。

做法： ①冬瓜去皮切塊，放入沸水中煮熟，切成小塊，備用。

②將豬肉末、冬瓜塊及龍鬚麵加入清湯，大火煮沸，小火燜煮至冬瓜熟爛，加鹽調味即可。

苦瓜焯水後食用，可降低苦味。

苦瓜炒紅蘿蔔

材料： 苦瓜半個，紅蘿蔔 100 克，葱花、鹽各適量。

做法： ①苦瓜洗淨，縱切去瓤，切片；紅蘿蔔削皮洗淨，切薄片。

②油鍋燒熱，放入苦瓜片和紅蘿蔔片，大火快炒，加鹽，炒勻，撒上葱花即可。

核桃桂圓雞丁

材料： 雞胸肉 180 克，核桃仁 3 個，桂圓肉 8 顆，料酒、生粉水、葱絲、生抽、鹽各適量。

做法： ①雞胸肉切丁，加鹽、生粉水、料酒醃製上漿。

②油鍋燒熱，將核桃仁輕炸至有香味，瀝油盛出。

③鍋底留油，將雞肉丁滑熟，加入炸好的核桃仁，加桂圓肉、鹽、生抽翻炒均勻，撒上葱絲即可。

35款養生茶，降壓、降糖、降血脂

高血壓作為一種慢性病，在藥物調節控制的同時，還在於日常的生活飲食控制，而養生降壓茶既能幫助降血壓，又可以作為日常生活休閒的飲品，對於喜愛品茶及需要降血壓的朋友們來説是一種不錯的選擇。如山楂所含的成分可以助消化、擴張血管、降低血糖、降低血壓。山楂搭配其他茶葉、中藥，如綠茶、葛根泡茶煮水，在日常生活中代水經常飲用，對於輔助治療高血壓具有較好的療效。

養生茶

飲茶能延緩和防止血管內膜脂質斑塊形成，防止形成動脈硬化、腦血栓，有輔助降壓的療效。茶能消除疲勞，促進新陳代謝，並有維持心臟、血管、胃腸等正常功能的作用，中藥和茶飲療效好，且副作用較小。

澤瀉降血脂，瀉腎火，消水腫。

烏龍茶

材料： 澤瀉 15 克，烏龍茶 3 克。

做法： 澤瀉加水煮 20 分鐘，取汁，沖泡 3 克烏龍茶，加蓋焗 15 分鐘後即可。

功效： 此茶具有利濕減肥、瀉熱消脂的功效，適用於高血壓併發高脂血症的人群。

決明子含有人體必需的鋅、銅等微量元素及決明苷，有保肝降壓作用。

決明子茶

材料： 決明子 25 克，菊花 3 克。

做法： ①決明子和菊花分別洗淨。②共同放入水中煎煮 10~20 分鐘，分次代茶飲用即可。

功效： 決明子中的大黃素、大黃酚等蒽　類成分有明目、降壓、降脂、保肝及抗氧化等作用。但脾胃虛寒、便溏者不宜飲用。

玫瑰活血，可軟化血管，美容養顏。

金橘玫瑰茶

材料：金橘 4 個，玫瑰花 3 朵。

做法：①金橘切碎備用。

②玫瑰花用熱水沖泡，稍涼後加入金橘即可。

功效：玫瑰花有活血化瘀的功效；金橘富含維他命 P，對心血管病有輔助改善的功效。

綠茶中的單寧酸降壓、降脂效果好。

菊花綠茶

材料：杭菊花 10 克，綠茶 3 克。

做法：①杭菊花和綠茶洗淨。

②一同放入開水中沖泡，代茶飲用即可。

功效：菊花清肝明目，綠茶有增強血管彈性，降低膽固醇和降低血糖的功效。長期飲用，對防治高脂血症、血管硬化、糖尿病有較好效果。但腸胃功能不好的人群，不宜長期飲用。

菊花、枸杞子除降壓外，還具有清肝明目的效果。

菊花枸杞茶

材料：杭菊花 10 克，枸杞子 5 克。

做法：菊花和枸杞子共同放入大茶壺內，加入開水，加蓋泡 10 分鐘即可。

功效：此茶可以預防和治療各種眼病，對患糖尿病、高血壓、冠心病的人群都有好處，適宜老年人飲用。

首烏茶

材料： 製首烏 10 克（以黑豆汁拌勻，蒸至內外均呈棕褐色，曬乾，稱為製首烏）。

做法： ①將製首烏研成粗末，沖沸水適量。

②加蓋焗 20 分鐘即可。代茶飲用，每日 1 劑。

功效： 首烏有降血脂、抗動脈粥樣硬化、減少血栓形成之功效，適合高血壓患者常飲。

紅茶有養胃去脂的功效，特別適宜冬季飲用。

糯米紅茶

材料： 糯米 50 克，紅茶 2 克。

做法： ①糯米放入沸水鍋中煮熟後，舀出糯米只留糯米水。

②隨後放入紅茶，以糯米水煎煮片刻即可。

功效： 此茶利尿消腫，不但可以幫助腸胃消化，促進食慾，還能舒張血管，降壓降脂。

洋葱茶

材料： 洋葱 200 克。

做法： ①將洋葱切細絲，放在茶壺內，加水約 1000 毫升。

②煮沸後轉小火，煎煮至剩下一半時即可。每日飲用 200 毫升左右。

功效： 洋葱含有前列腺素以及其他營養元素，可以降低血液的黏稠度，從而起到降低血壓的作用。

玉竹富含高異黃酮類，具有抗氧化、抑制腫瘤等功效。

玉竹麥麩茶

材料：玉竹 10 克，麥麩 50 克。

做法：①將玉竹研細末，與麥麩均勻混合。

②每日用沸水沖泡，代茶飲即可。

功效：此茶能滋陰生津，降脂降壓，適合高血壓、血脂異常、高血糖患者日常服用。

荷葉中的荷葉鹼有降血脂功效。

葛花荷葉茶

材料：葛花 15 克，鮮荷葉 60 克。

做法：①荷葉切絲，與葛花一同入鍋煮沸。

②去渣取汁即可。

功效：葛花和荷葉都具有降脂降壓的功效，適於高血壓伴肥胖及痛風患者經常飲用。

苦瓜茶

材料：苦瓜、綠茶適量。

做法：苦瓜洗淨，去瓤，切成薄片。與適量綠茶一起放入杯中，用熱水沖泡即可。

功效：綠茶具有良好的抗氧化和鎮靜作用，其中的類黃酮成分更能增強維他命 C 的抗氧化功效。與苦瓜泡飲，有降糖降脂的作用。但脾胃虛寒者不宜飲用。

多吃草莓可防治動脈硬化。

香蕉草莓飲

材料：香蕉 1 根，草莓 4 顆，綠茶適量。

做法：①綠茶沖水取汁備用。

②將香蕉去皮，搗泥；草莓洗淨，去蒂搗成泥，和香蕉泥混合。加綠茶水調勻即可。

功效：香蕉富含鉀，可促進血液中過多的鈉離子排出，使血壓降低。

山楂具有活血化瘀的功效。

山楂青瓜汁

材料：山楂 50 克，青瓜 80 克。

做法：①將新鮮山楂去核，洗淨，切成丁；青瓜洗淨，切丁。山楂丁和青瓜丁混合，加適量的水後一併倒入榨汁機中。

②開啟榨汁機，待山楂丁和青瓜丁全部打碎成汁後倒入杯中即可。

功效：山楂中所含的黃酮類、三萜類等活性成分，具有擴張血管的作用；青瓜可降血脂。

黨參可補氣血，降血壓。

紅棗黨參茶

材料：紅棗 5 顆，黨參 10 克。

做法：黨參、紅棗洗淨同煮 15 分鐘，關火即可。

功效：黨參可擴張血管，改善微循環，從而起到降壓的作用，和紅棗搭配還可補益氣血。但痰濕體質者禁飲。

葛根所含的黃酮和葛根素能改善心肌的氧代謝，擴張血管。

葛根山楂飲

材料： 葛根粉5~10克，山楂乾15克。

做法： 取葛根粉與山楂乾用沸水沖服即可。

功效： 葛根與山楂搭配，能活血化瘀、燥濕化痰，特別適於高血壓、高脂血症、糖尿病、冠心病人群飲用。

地黃、杜仲中的成分有降血糖的功效。

地黃杜仲茶

材料： 生地黃、杜仲各 5 克，綠茶適量。

做法： ①取生地黃和杜仲，磨成粉。②地黃杜仲粉與綠茶放一起，用沸水沖泡，焗 5 分鐘即可。

功效： 地黃有降血糖、抗彌散性血管內凝血的作用，與杜仲搭配，能抵消杜仲所帶來的「火氣」，更好地發揮兩者降壓、降脂的作用。

枸杞紅棗茶

材料： 枸杞子 10 克，紅棗 2 顆。

做法： 枸杞子和紅棗洗淨，用沸水沖泡，焗 5~10 分鐘即可飲用。

功效： 枸杞子所含的枸杞多糖及類胡蘿蔔素、多酚等物質，具有降低血壓、血糖的作用，還能軟化血管。和補血的紅棗一起泡茶，可預防心血管疾病。

黃芪淮山茶

材料： 黃芪片、淮山片各 30 克。

做法： ①將黃芪片、淮山片同入鍋中，熬煮30分鐘左右，取汁。
②鍋中加適量清水繼續熬煮。可煮 3 次，去渣，將 3 次黃芪淮山水混合，代茶飲即可。

功效： 黃芪淮山茶有益氣生津、健脾補腎的作用，適合氣陰不足、脾胃兩虛者。

黃芪補氣，特別適宜氣虛的高血壓患者飲用。

絞股藍茶

材料： 絞股藍、銀杏葉各 10 克。

做法： 將絞股藍、銀杏葉用清水洗淨，再用熱水沖泡後即可。

功效： 絞股藍對於血壓還具有雙向調節的作用，對於血壓過高和過低都有良好的功效。

銀杏葉中的成分有擴張血管的功效，利於降壓。

麥芽山楂茶

材料： 麥芽、山楂各 10 克。

做法： ①麥芽、山楂洗淨後放入鍋中同煮至沸。
②倒入杯中，水溫稍涼後飲用即可。

功效： 山楂中的成分能擴張血管，改善和促進膽固醇排泄，從而降低血脂和血壓。

麥芽有回乳功效，產婦不宜飲用。

荷葉泡茶時第一次茶水的藥用效果最佳。

山楂荷葉茶

材料： 山楂 15 克，荷葉 12 克。

做法： 山楂、荷葉中加水 1000 毫升，煎煮至 500 毫升，代茶飲即可。

功效： 荷葉解暑醒神，山楂去脂降壓，對頭暈腦脹、嗜睡的患者有提神、醒腦的作用，尤其適合糖尿病併發血脂異常、高血壓的患者飲用。

芹菜莖可用芹菜葉替換。

芹菜紅棗茶

材料： 芹菜 50 克，紅棗 2 顆，茶葉適量。

做法： ①芹菜取莖，洗淨，切丁。
②紅棗洗淨，與茶葉、芹菜丁一同入鍋，加適量水煮成湯即可。

功效： 芹菜中含有芹菜素、維他命 C、鉀，可有效降低血壓；紅棗含有豐富的維他命 C 和維他命 P，可防止血管硬化。

山楂金銀花茶

材料： 山楂 10 克，金銀花 10 克。

做法： 將山楂洗淨，切片，倒入杯中；將金銀花洗淨後瀝乾水分，倒入杯中；往杯中沖入開水；蓋上杯蓋焗 1 分鐘，揭蓋，溫服即可。

功效： 山楂有活血化瘀的功效，金銀花能清熱解毒。二者泡茶飲用，能化瘀消脂，降壓減肥。

菊花具有清肝明目、祛風解鬱的功效。

菊花山楂茶

材料：菊花 15 克，山楂 20 克。

做法：①將菊花和山楂一起水煎或用開水沖泡 15 分鐘即可。

②每日 1 劑，代茶飲用即可。

功效：具有消食降脂的功效，適用於高血壓併發冠心病、高血脂和肥胖的人群經常飲用。

紅花三七茶

材料：紅花 15 克，三七花 5 克。

做法：①將紅花和三七花混合，分 3 次放入杯中。

②以滾開水沖泡，溫浸片刻，稍涼後代茶飲用即可。

功效：紅花具有活血功效，與活血補血的三七花搭配，可輔助治療高血壓。

注意麥門冬的量不宜過多。

麥門冬竹葉茶

材料：麥門冬 20 克，淡竹葉 3 克，綠茶 4 克。

做法：麥門冬洗淨後入鍋，加水煮 15 分鐘；將洗淨的淡竹葉、綠茶放進鍋中同煮 5 分鐘，涼後即可飲用。

功效：麥門冬含甾體皂甙、高異黃酮等成分，可改善心肌缺血、降血糖，和淡竹葉、綠茶搭配，特別適合高血壓併發高脂血症和糖尿病的人群代茶飲用。

桂圓棗仁茶

材料： 桂圓肉 3 顆、炒酸棗仁 10 克，芡實 12 克。

做法： ①將以上 3 味中藥洗淨加入適量清水，合煮 2 次。

②每次煮 30 分鐘，取汁代茶常飲即可。

功效： 桂圓補益氣血；棗仁能養心安神，可以改善失眠心煩的症狀。

佛手玫瑰茶

材料： 佛手 10 克，玫瑰花 5 克。

做法： 佛手和玫瑰花洗淨，放入茶杯中，加適量開水，沖泡飲用即可。

功效： 佛手可抑制血管緊張素轉化酶，有擴張血管、降血壓的功效；玫瑰花活血。兩者搭配代茶常飲可改善高血壓症狀。

黃連可降血糖、降血脂。

山藥黃連茶

材料： 山藥 30 克，黃連 3 克。

做法： 山藥和黃連搗碎，放入杯中，用沸水沖泡，焗 20 分鐘即可。

功效： 山藥中含有豐富的黏蛋白和山藥多糖，可以降低血液中膽固醇濃度，保持血管彈性，防止動脈硬化。

芹菜蘿蔔飲

材料：芹菜、白蘿蔔各 100 克，車前草 30 克。

做法：將芹菜、白蘿蔔、車前草洗淨，搗爛取汁，小火煮沸後溫服即可。

功效：芹菜含有豐富的揮發性芳麻油，能促進血液循環，可使血管擴張；車前草利尿；白蘿蔔消脂。

雙花桑楂汁

材料：金銀花、菊花、山楂各 6 克，桑葉 4 克。

做法：將金銀花、菊花、桑葉、山楂用清水洗淨，用白潔紗布包紮好，放入鍋內煎 10 分鐘，濾汁即可。

功效：金銀花具有抑菌抗炎、利膽保肝和降甘油三酯的作用。

此茶對降血壓、血脂效果好，可經常代茶飲用。

銀杏葉茶

材料：銀杏葉 5 克。

做法：將銀杏葉用水煎煮，或直接用沸水沖泡即可。

功效：銀杏葉中的成分能降低血清膽固醇，擴張冠狀動脈，輔助降血壓。

常飲用此茶降壓降脂效果好。

三鮮飲

材料： 白蘿蔔塊、山楂、橘皮各適量。

做法： ①將白蘿蔔塊、山楂、橘皮洗淨後放鍋中。

②加水大火熬煮，煮沸後轉小火煮半個小時即可。

功效： 山楂中所含的三萜類成分具有顯著的擴張血管及降壓作用。陳皮中含有橙皮苷，能降低毛細血管的脆性，防治微血管破裂出血。

菊槐茶

材料： 菊花、槐花、綠茶各 3 克。

做法： ①將菊花、槐花洗淨，和綠茶一起放入杯中。

②以沸水沖泡，加蓋焗 5 分鐘即可。

功效： 菊花具有降血壓、擴張冠狀動脈的作用，可平肝降壓。

普洱茶降血脂的效果較佳。

陳皮普洱茶

材料： 陳皮 10 克，普洱茶 5 克。

做法： ①陳皮入砂鍋煎水取汁；普洱茶放入茶杯中浸泡。

②把茶汁和陳皮汁混在一起即可。

功效： 陳皮裏的黃酮類物質具有疏通心腦血管、降血壓、利尿的功效。

附錄 1
中醫降血壓，安全又有效

高血壓按摩方法

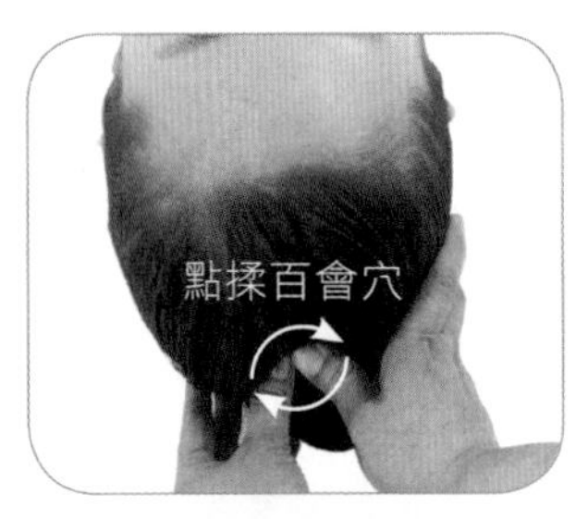

點揉百會穴：

患者仰臥，全身放鬆。按摩者以兩手拇指點揉百會穴、印堂穴、太陽穴，力度以有酸脹感為度，時間持續約 1 分鐘。

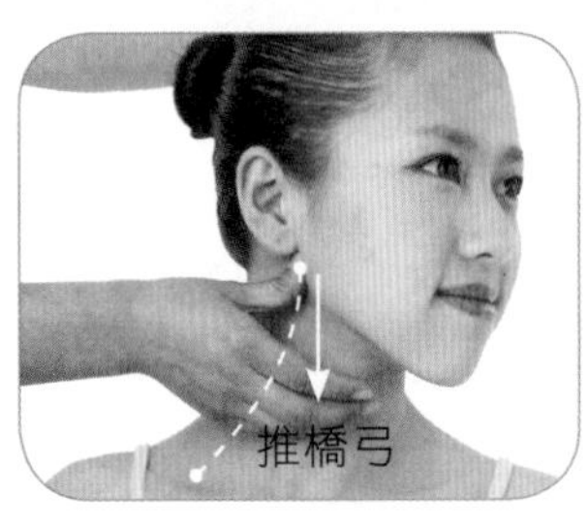

推橋弓：

用拇指或四指併攏用力，自上而下推橋弓，推時壓力適中。兩側交替進行，約 1 分鐘。

雙手五指梳頭：

取坐位，按摩者兩手手指張開，分別從前額開始經頭頂到枕部做梳頭動作。反復進行，每次 3 分鐘。

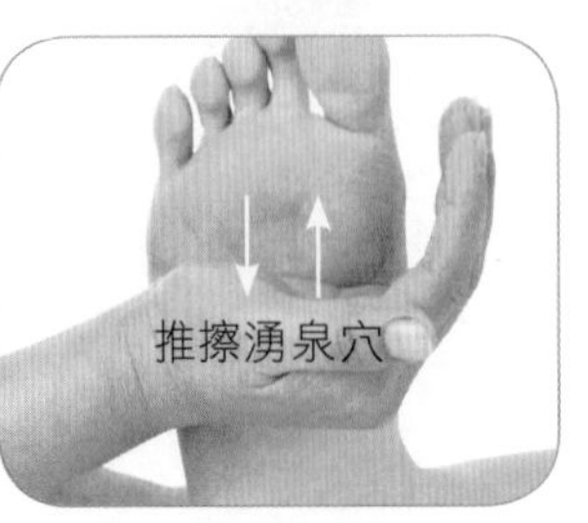

推擦湧泉穴：

仰臥或坐位，按摩者以一隻手托住其腳踝，另一隻手用小魚際部位在腳心湧泉穴做上下推擦，直到腳心發熱為宜，再換另一隻腳按摩。

高血壓艾灸方法

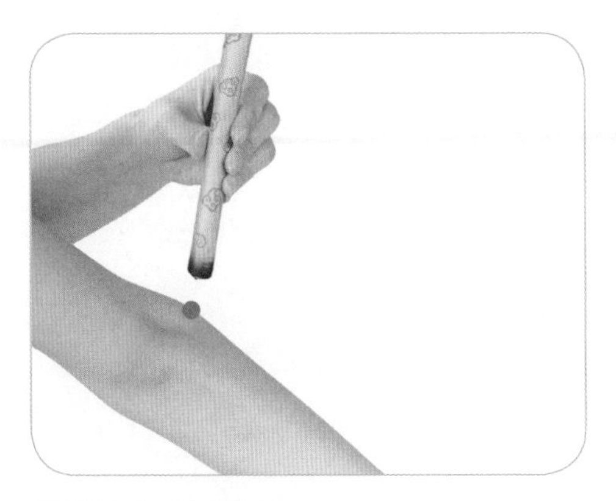

懸提灸曲池穴：每次 10~15 分鐘。

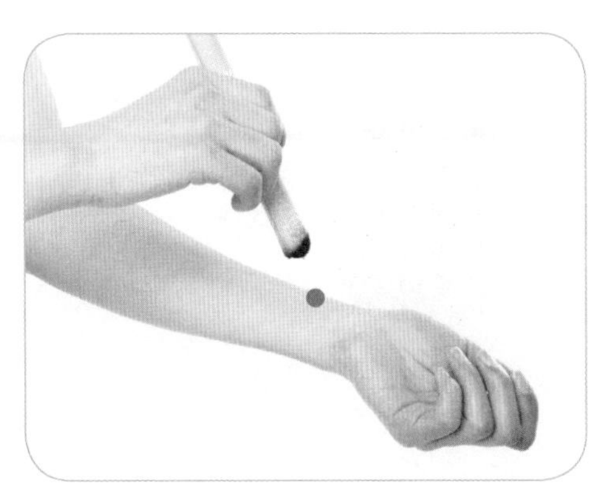

懸提灸內關穴：每次 10~15 分鐘。

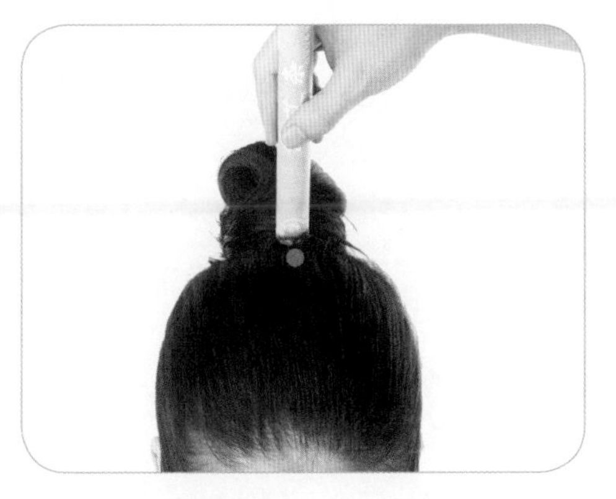

懸提灸百會穴：每次 8~10 分鐘。

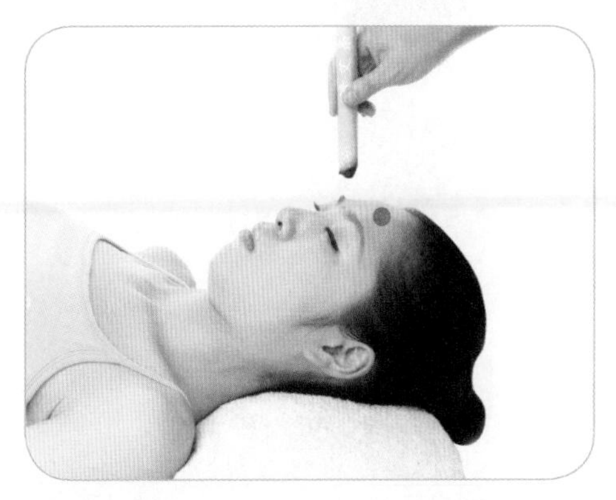

懸提灸印堂穴：（此穴不宜用瘢痕灸），每次 8~10 分鐘。

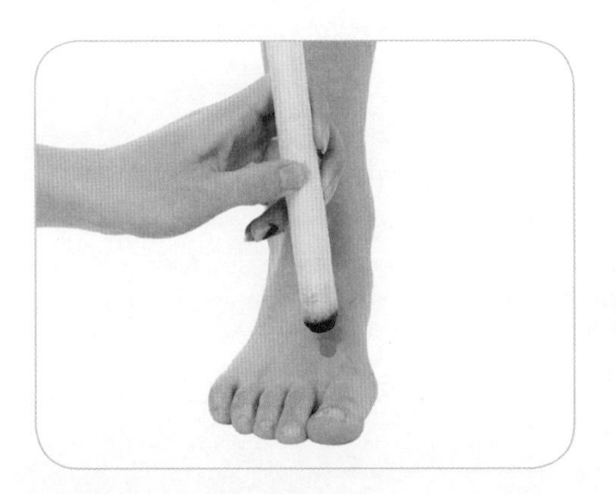

懸提灸太沖穴：每次 10~15 分鐘。

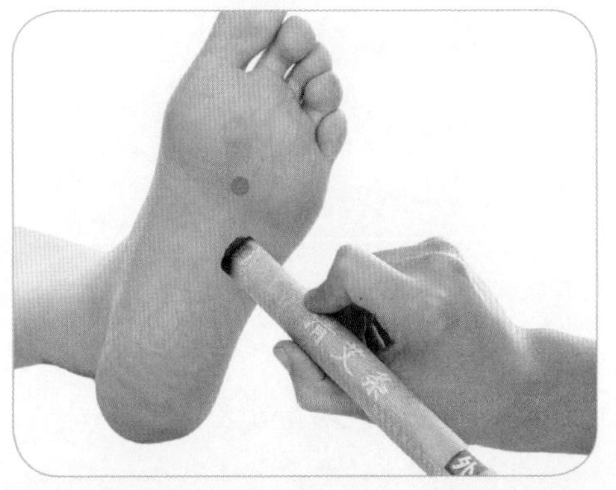

懸提灸湧泉穴：每次 10~15 分鐘。

高血壓刮痧方法

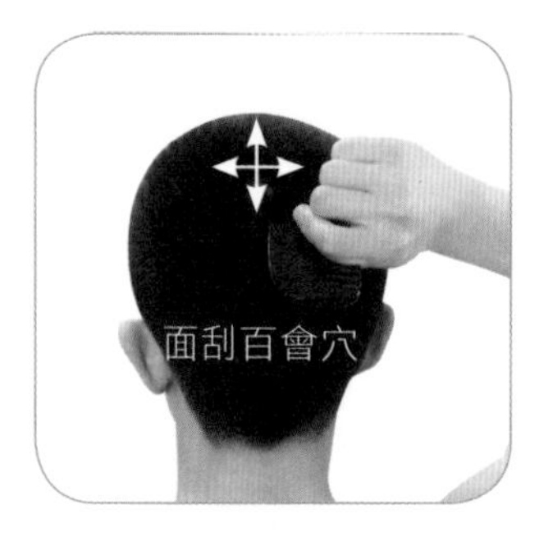

面刮百會穴：

以面刮法從百會穴呈放射狀向四周刮拭全頭，重點刮拭百會穴。

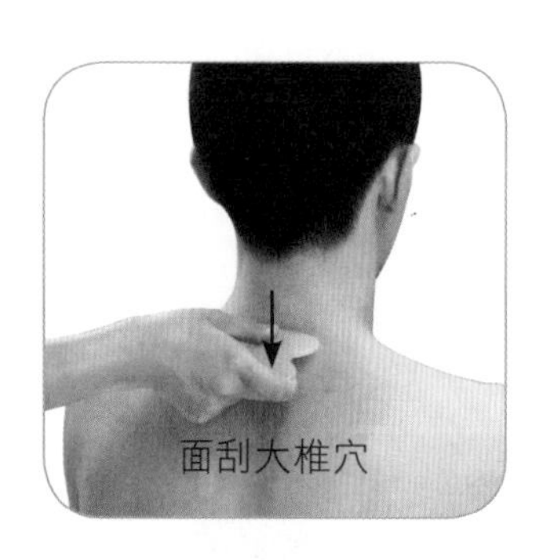

面刮大椎穴：

用面刮法刮拭背部大椎穴至長強穴這一段的督脈，重點刮拭大椎穴。

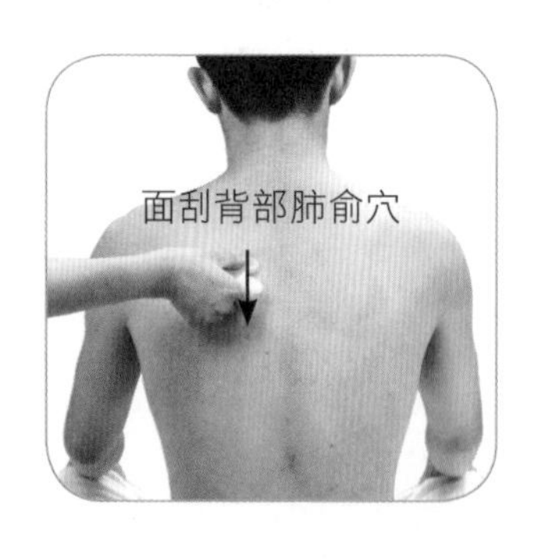

面刮背部肺俞穴：

用面刮法從上到下依次刮拭背部雙側肺俞穴、厥陰俞穴、心俞穴。

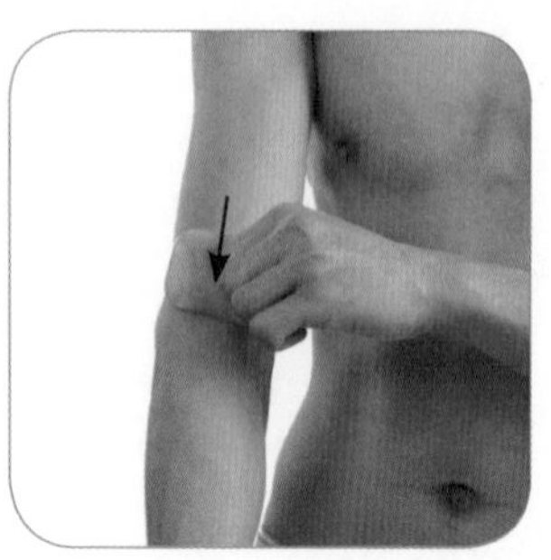

面刮曲池穴：

用面刮法從上到下刮拭上肢曲池穴，下肢外側風市穴，交替刮拭四肢。

高血壓拔罐方法

採用走罐法，重點吸拔風池穴、肝俞穴、腎俞穴，留罐 5~10 分鐘，每日 1 次。或在太沖穴處用閃火法拔罐，留罐 5~10 分鐘，每日 1 次。

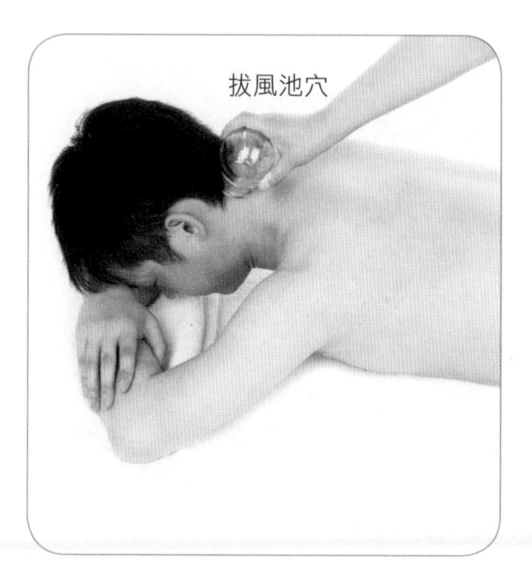

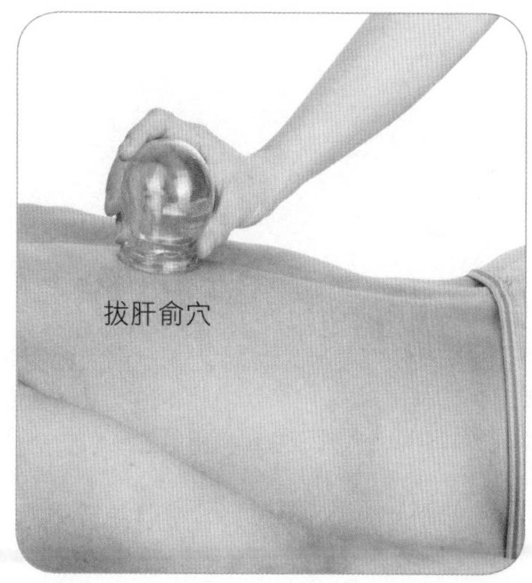

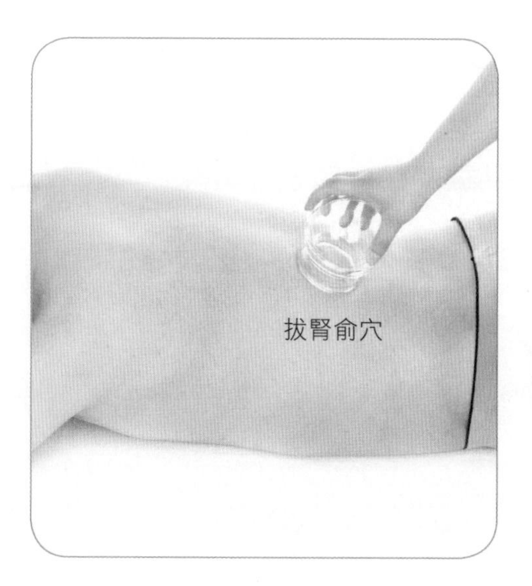

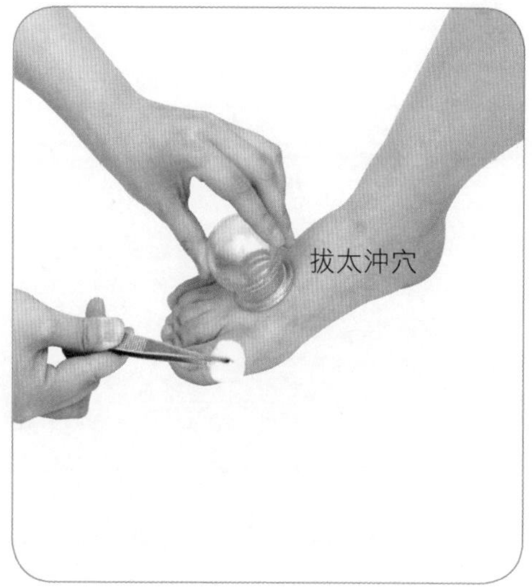

附錄 2
高血壓常見問題答疑

瞭解高血壓常識

1. 所有類型的高血壓都能查到病因嗎

高血壓按發病原因可分為原發性高血壓和繼發性高血壓。前者是以血壓升高為主要病症的獨立性疾病，後者主要是由其他疾病誘發的，能夠發現導致血壓升高的確切病因；反之，不能發現導致血壓升高確切病因的，則稱為原發性高血壓。

2. 哪些人群易患高血壓

（1）肥胖，特別是腹型肥胖者。

（2）膳食不合理，過度攝取鹽、糖等物質者。

（3）有高血壓家族史的人群。

（4）大量吸煙、經常酗酒者。

（5）不愛運動的人群。

（6）工作壓力大，長期精神緊張，容易焦慮、脾氣暴躁者。

（7）年齡大於 55 歲的人群。

3. 肥胖人群患高血壓的概率很高嗎

臨床研究發現，肥胖與高血壓有着密切的聯繫，體重的高低直接影響血壓。肥胖和超重者患高血壓的概率分別是正常體重者的 3.3 倍和 2.5 倍。因此，肥胖者要控制飲食，減輕體重，防止高血壓。

4. 蘋果型體形為甚麼容易引起高血壓

蘋果型又稱腹部型肥胖、向心型肥胖，這類人脂肪主要沉積在腹部的皮下及腹腔內，外形像個蘋果。男性腰圍大於 90 厘米，女性腰圍大於 85 厘米，應視為蘋果型肥胖。

腹部脂肪加重了臟器的負擔，腹部的壓力增大，還會引起內分泌功能紊亂，促使人體血管緊張素增加，血容量增加而導致血壓升高。蘋果型體形的人要通過鍛煉和控制飲食來改變身材。

5. 改善生活方式就能預防和調節高血壓嗎

高血壓是一種慢性病，除了在醫生的指導下用藥物控制血壓以外，還要積極改善生活方式，特別在高血壓初期，主要堅持以下幾個原則：

（1）合理膳食，達到或維持理想體重，特別注意減少食鹽的攝入。

（2）每週至少堅持 3 次有規律的運動。

（3）控制體重。

（4）戒煙、戒酒，少熬夜。

（5）保持平和的心態，精神樂觀，避免急躁、發怒和情緒大起大落。

6. 血壓是不是降得愈快愈好

除了高血壓急症外，降血壓過程應該是緩慢進行的。這樣，身體可以逐漸適應血壓降低。如果超出了身體的承受能力，重要器官供血不足，反而會出現頭暈、心悸等不適的情況。

7. 如何知道高血壓是否已導致臟器損害

高血壓患病時間愈長，血壓沒有控制好，往往會導致臟器受到損害，所以要在平常注意監測和調整用藥方案。如出現胸悶、憋氣、胸痛、眼前發黑、視覺模糊、手腳發麻等症狀要及時去醫院檢查。建議高血壓患者每年進行體檢，定期複查心電圖等項目，以儘早在醫生的指導下治療。

8. 高血壓一定會遺傳嗎

高血壓與遺傳因素有一定關係，父母雙方均為高血壓患者，子女不一定發生高血壓，但發生高血壓的概率較高。

飲食

1. 高血壓患者如何控鹽

長期高鹽飲食可引起高血壓。高血壓患者可以從以下幾個方面減少食鹽的攝入量：

（1）烹飪時少放鹽，逐漸養成口味清淡的飲食習慣，也可適當以其他調味料，如醋、蒜、葱等替代食鹽來調劑菜餚口味。

（2）注意膳食中的隱性鹽。儘量避免食用含鹽高的薯片、梳打餅、香腸、皮蛋、午餐肉罐頭、即食麵等食品。

2. 為甚麼高血壓總是伴隨着高血脂和高血糖

醫學上，將以胰島素抵抗為病理基礎的代謝症候群，包括肥胖症、高血糖、高血壓、血脂異常、高尿酸、脂肪肝等，統稱為代謝綜合症。因此，從表面上看，「三高」有各自不同的發病機理和病理變化。但從實質分析，只要患有其中一種疾病，則患有另兩種疾病的風險會較一般人高很多。

資料顯示，60 歲以上患有高血壓的老年人群中，有 40%~45% 的人同時還患有高血糖或血脂異常；50% 左右的糖尿病患者合併有高血壓、血脂異常等。高血壓、血脂異常、高血糖發病率高，後果嚴重，其併發症如腎病、腦卒中（中風）、心肌梗塞等更是危及人的生命，因此「三高」已成為現代人生命不能承受之「高」。健康人群應通過積極調整飲食、均衡營養、加強鍛煉、戒煙限酒等有效的方式進行預防；已經患有「三高」的人群，更應該在進行藥物治療的同時，調整好心態，養成良好的生活習慣。

高血糖患者體內胰島素不足時，會降低體內蛋白酯酶活性，使血脂增高，而肥胖伴高血脂患者，易產生胰島素抵抗，誘發糖尿病，因此高血糖患者往往伴有高血脂。

高血糖和高血壓可能存在共同的遺傳基因，血糖高會引起血壓升高，所以將高血糖與高血壓視為同源性疾病。血脂升高易引發高血壓，血壓升高又會造成血脂異常，所以高血壓和高血脂互為因果。

3. 不吃早餐對高血壓患者有哪些危害

控制每日飲食攝入的總熱量，是通過限制每餐攝取熱量而達到的。不吃早餐，易引起過度饑餓，中午會吃得更多，很難調控血壓。這樣也會造成胃部功能的損傷。

4. 高血壓患者日常烹飪油怎樣選擇

植物油是高血壓患者的最佳選擇，其中不飽和脂肪酸含量愈高愈好。粟米油、橄欖油等富含不飽和脂肪酸，高血壓患者均可選用。研究發現，魚油也含有豐富的不飽和脂肪酸，有穩定血壓的作用。

5. 高血壓患者喝茶時注意甚麼

茶葉有擴張血管和利尿的作用，茶葉中的維他命 B 雜對神經、心臟及消化系統都有利。

雖然茶葉中的大多數成分對人體有利，但要適量，凡事過猶不及。另外，長期喝濃茶會加快心率，增加心臟負擔。應用清茶來代替濃茶。

還要注意的是，空腹不宜飲茶，因為空腹飲茶會傷身體，尤其對於不常飲茶的人來説，會稀釋胃酸，妨礙消化，嚴重的還會引起心悸、頭痛等。飯後不能立即喝茶，茶葉中的物質會影響食物中蛋白質等營養素的吸收。也不要在睡前喝茶，以免影響睡眠質量。最好在飯後 1 小時左右喝茶，既不影響營養的吸收，又能解油膩，起到保健的功效。

6. 高血壓患者一定要和酒絕緣嗎

喝酒會增加患高血壓併發心腦血管疾病的風險，飲酒可使心率增快，血管收縮，血壓升高，還可促使鈣鹽、膽固醇等沉積於血管壁，加速動脈硬化。因此，高血壓患者需要限制酒的攝入。

7. 高血壓患者吃瘦肉就可以沒有節制嗎

雖然瘦肉脂肪中脂肪酸低於肥肉，但是瘦肉中總脂肪的含量仍是非常高的，因此，瘦肉也要適量吃，每天不應超過 75 克。

8. 高血壓患者如何控制脂肪攝入

（1）飲食清淡，看得見的白色脂肪不要吃。少吃牛油、肥羊、肥牛等，儘量用瘦肉代替，動物內臟也要少吃。

（2）避免吃油炸、油煎的食物。烹調時儘量採用蒸、煮、熬的方法。

（3）增加不飽和脂肪酸的攝入，可適量吃深海魚。

（4）避免吃含反式脂肪酸的食物，每日烹調油的量控制在 10~15 毫升。遠離朱古力、咖啡伴侶、薯條、餅乾、蛋黃派等食品。

9. 堅持素食就可以降壓嗎

植物性食物脂肪含量低，不含膽固醇。但是，動物性食物含優質蛋白質高，氨基酸比例符合人體需求。因此，對於高血壓、高血脂患者來說，葷素搭配是最佳膳食平衡組合。

10. 高血壓患者在外就餐應該注意些甚麼

飯店裏的飯菜油、鹽都較多，高血壓患者不宜長期外食。點餐時也要注意以下幾個方面：

（1）控制量，只吃七分飽。

（2）飯和菜不要混合。

（3）少吃快餐。特別是油炸食物裏面含有大量的油脂、鹽。

（4）飯前不喝開胃湯，因為湯裏面的鹽含量較多。

（5）用清茶和清水代替飲料。

（6）不吃醃製類食物。

運動

1. 運動對高血壓患者有甚麼益處

適當的運動不僅可以減輕體重，還可改善心血管功能。但要選擇適合自己的運動，要因人而異，量力而行，循序漸進。

2. 高血壓患者選擇哪些運動比較適宜

步行、慢跑、游泳、太極拳、瑜伽等都是適宜高血壓患者的運動。高血壓患者每天堅持走 3 千至 5 千米，對降低舒張壓有明顯效果。太極拳對防治高血壓有顯著的作用，適合各期高血壓患者。

3. 高血壓患者運動時注意哪些細節

為防止意外，高血壓患者鍛煉時應注意以下幾點：

（1）避免強度過高的力量型運動，不要用力和屏氣，以免造成血壓上升，發生意外。

（2）不要做體位變化幅度大的快速動作，防止直立性低血壓而導致暈厥。

（3）不要做節奏強烈、使人心情激動的運動，避免心率增快、血壓增高而引發心腦血管疾病。

4. 高血壓患者適宜打太極拳嗎

太極拳的運動強度較小，患者在運動時心率低於 110 次 / 分鐘，每次運動時間以 30 分鐘以上為宜，可以每天進行，常練習太極拳不僅可以防治高血壓，還可以達到健身的目的。

（1）太極拳要求「用意不用力」，這種緩慢柔和的運動，會使全身肌肉放鬆，能使血管放鬆，血管彈性增加，使血管神經穩定性增強，更能適應外界的刺激，促進血壓下降。

（2）打太極拳時用意念引導動作，思想集中，心境平和，有助於消除精神緊張因素對人體的刺激，發揮人體自我調節和自我控制的作用，有利於降血壓。

（3）長期打太極拳有助於改善新陳代謝，平穩血壓、血糖，防治高血脂、動脈粥樣硬化、糖尿病。

5. 高血壓患者起床後為何不宜馬上運動

很多人每天早上醒來就會起床進行體育鍛煉，其實這並不合適。早起後人體需要足夠的時間來調理身體。可以先進行熱身運動再進行其他體育運動。

6. 高血壓患者晨練有甚麼要求

清晨起床前閉目養神 3 分鐘左右，然後再下床活動。清晨空腹飲溫水一杯，既有清洗腸胃、補充體內水分的作用，又能稀釋血液濃度，降低血壓。

患者可通過晨練增加有氧運動量，因此必須堅持鍛煉。但晨練前要儘早服用降壓藥，等血壓平穩後再外出鍛煉。對於堅持冬季鍛煉的患者來説，儘量等到太陽出來後，室內外溫差減少、空氣污染程度有所減輕時，再外出運動較好，也能最大限度避免寒冷氣候對高血壓的影響。

7. 高血壓患者的運動應掌握哪些原則

（1）高血壓患者要在醫生的指導下運動。主觀感受以心跳加快、微微出汗為宜。適當運動有利於降壓，但運動中血壓會升高，對於有併發症，如併發心臟病的患者要避免過於勞累。

（2）休息 10 分鐘後，由運動引起的呼吸、心跳加快的症狀明顯緩解，心率恢復正常或接近正常。

8. 高血壓患者不宜進行哪些運動

高血壓患者不宜進行長時間、高強度的無氧運動，如舉重、單雙杠、快速奔跑等需要爆發力的運動。特別是高血壓併發心臟病的患者，無氧運動可導致心肌缺血缺氧，易誘發心絞痛，甚至心肌梗塞。另外，高血壓患者在游泳時，注意水中憋氣的時間不能太長，不要潛泳或競技性地快游。

生活

1. 高血壓患者需要重點注意哪些細節

（1）醒來時不要立刻離開被褥。應在被褥中活動身體，保持室內溫度適宜。

（2）洗臉、刷牙要用溫水。

（3）如廁時應穿着暖和。

（4）冬季外出時戴手套、帽子、圍巾等，注意保暖。

（5）等車時應做原地踏步等小動作。

（6）在有暖氣的地方可少穿些。

（7）沐浴前先讓浴室充滿熱氣，等浴室溫度上升後再入浴。浴室地面要有防滑設施，謹防滑倒。

（8）夜間如廁，為避免受寒，可在臥室內安置便器。

（9）高血壓患者避免長時間站立和過於疲勞。

（10）保持情緒穩定、樂觀向上，盛怒、憂傷等不良情緒都會導致血壓升高。

（11）夏季睡眠減少，睡眠質量下降，從而導致夜間血壓增高，血壓波動較大。因此高血壓患者夏季一定要保證充足的睡眠。

2. 高血壓患者為何要避免熬夜

一般來説，人的血壓呈現出白天高、夜間低的週期性變化規律，人在夜間睡眠時身體的各個器官能得到很好的休息。如果經常熬夜，血壓會因為交感神經興奮而導致血壓上升，這對心、腦、腎等器官的損害很大。因此，對於高血壓患者而言，一定要重視睡眠質量，平時應儘量避免熬夜，特別對於老年高血壓患者，更要避免熬夜，因為容易引發腦溢血等心腦血管疾病的發生。

3. 高血壓患者沐浴時要注意甚麼

洗澡時，水溫過高或過低都會刺激血液循環，導致血壓不穩。洗澡時間不能太長，否則會發生頭暈目眩等症狀。飯後、酒後或過度疲勞時，都不宜洗澡，以免發生意外。重症高血壓患者洗澡時最好有人陪同。

4. 高血壓患者為甚麼要預防便秘

高血壓患者最好要養成定時排便的習慣，時間一久就會形成習慣。每次排便的時間大約在 15 分鐘以內，避免時間過長而疲勞。排便時不要過分用力，過分用力可以導致血壓升高。如果排便過於困難，就應在平時飲食中多攝取膳食纖維多的水果和蔬菜。

5. 怎樣預防清晨高血壓

一是勤量血壓。隨時瞭解血壓變化情況，患者每天清晨要測血壓，瞭解是否存在「血壓晨峰」，及早防治，從而降低心、腦血管病的發生率。

二是合理選擇降壓藥。長效降壓藥每日只需服用 1 次就能夠取得 24 小時穩定控制血壓的作用，對防止血壓波動，控制清晨血壓增高十分有益，可作為首選降壓藥。

三是把握正確的服藥時間。對清晨高血壓患者來説，在清晨時段服用降壓藥可明顯抑制血壓攀升，降低因血壓增高引發的心血管疾病的危險，所以，患者應將降壓藥放在清晨服用。

6. 高血壓患者頭疼按摩小方法

高血壓患者常出現頭痛、胸痛、心悸等症狀，以下按摩小方法可以很好地緩解這些症狀。

先搓熱兩手掌，擦面數次，然後按摩前額，用五指和掌心稍用力推按前額中央至兩側太陽穴，再向後至枕部，接着沿頸後向下推按，最後按壓兩肩背部，按摩 3~5 分鐘。

7. 高血壓患者外出旅遊時有哪些注意事項

（1）出發前應做一次全面的身體檢查，瞭解自己的血壓狀況，以及該狀況下自己應選擇哪些旅遊項目，可向醫生諮詢意見。

（2）旅途中準備好降壓藥，除日常服用外以備不時之需。嚴格遵照醫囑參加適宜自己的活動，注意多休息，保持合理的飲食規律。

（3）選擇好旅行季節和天氣，最好選在春季陽光明媚的日子，有利於愉悅身心，維持正常血壓值。

8. 高血壓患者能坐飛機嗎

平時血壓控制較好的情況下可以坐飛機，但注意隨身攜帶日常服用的降壓藥。但是如果血壓控制得不太理想，如收縮壓在180mmHg 或者舒張壓在100mmHg 以上，近期經常出現胸悶、頭暈等症狀時，儘量避免乘坐飛機。

9. 年紀大了，血壓高一點就無所謂嗎

老年高血壓患者應提高警惕，由於身體素質和體內器官功能因素，更容易發生心臟病、糖尿病等併發症，如不及時治療極易引起多個臟器的損傷。

用藥及監測血壓

1. 怎樣儘早發現高血壓

如果患者有自覺症狀，那是最好的，只需要重視起來，加緊控制，就可以避免高血壓的進一步發展。如果患者沒有自覺症狀，那就要重視以下幾點：

（1）40 歲以上的人要勤測血壓。高血壓的患病率是隨年齡逐步上升的，到了這個歲數，除了關心感冒發熱一些常見病外，有必要多關心一下自己的血壓了。

（2）父母親或祖父母有高血壓病的，要勤測血壓。雖然引發原發性高血壓的原因並不明確，但可以肯定的是，遺傳因素與高血壓有着密切的關係。

（3）體格肥胖、情緒反復無常、工作常年高度緊張、飲酒過多、口味重、經常生活在噪聲污染中的人，都要時常測血壓。這些因素都被公認為與高血壓的發生有密切關係。

2. 無自覺症狀是否要吃降壓藥

有無症狀及症狀輕重都不是判斷高血壓程度的關鍵因素。一般來説，大約有一半的早期高血壓患者沒有任何症狀，而這些沒有高血壓症狀的患者通常血壓升高得緩慢而持久，患者對這種升高方式不重視，就放任了高血壓症的加重。因此，從被診斷為高血壓開始，患者就應認真治療。沒有症狀的高血壓患者如不及時治療，可能會積重難返，貽誤病情。

3. 高血壓症狀減輕時可停止服藥嗎

高血壓患者一經確診，應堅持終身服藥。隨意停藥會導致心、腦、腎等重要臟器功能損傷，嚴重危害身體健康。因此，只有堅持終身服藥，才能有效控制血壓，保護體內器官正常。但可遵醫囑調整藥量和藥物種類，以符合患者當前病情。

4. 初期發現的高血壓一定要吃藥嗎

世界衛生組織建議判斷高血壓的標準是：凡正常成人收縮壓大於140mmHg，舒張壓大於90mmHg，就能診斷為高血壓了。但初期發現高血壓時，要進行3次測量才可以確診。因為有時精神緊張、睡眠不足的情況也會引起血壓偏高，過一段時間可自行恢復正常。

進行3次測量以後，取平均值，如果還是超過正常高值就是輕度高血壓。輕度高血壓開始可以通過飲食限制鈉鹽攝入，戒煙限酒，適量運動改善高血壓症狀，甚至可以恢復正常血壓。如果半年以後沒有效果，就要按照醫生的建議採取藥物治療，並且定期日常監測血壓。

5. 降壓藥漏服一次怎麼辦

高血壓患者需要堅持終生治療，期間難免有漏服的情況。降壓藥多為長效藥物，在72小時內，血液中的藥物還能維持一定的濃度。所以在幾個小時內補服即可。如果距離預定服藥時間較短，可不用補服，但要密切監測血壓。在白天，緊張的生活、工作節奏，容易使血壓波動較大，應該補上漏服的藥物。在夜間，血壓降低還比較平穩，漏服後不一定要補服。需要注意的是，當降壓藥漏服時，千萬不要擅自加量。

6. 頻繁更換降壓藥對健康有甚麼壞處

患者應根據自己的病情、身體狀況來選擇長效降壓藥。若需要更換，也要根據醫生的建議選擇藥物。不可根據降壓類藥品廣告或患者之間的相互交流，經常更換新藥，這樣不僅會使血壓出現較大波動，也會損傷體內重要器官。

7. 需要長期服用降壓藥嗎

高血壓是一種慢性疾病，建議患者需要長期服藥，有效控制高血壓。

8. 別人的治療方案是否可借鑒使用

高血壓分為很多種，每位患者都有不同的病因、病情，故治療方案也有所區別，因此應諮詢醫生，切不可自行借鑒。

9. 電子血壓計是愈貴愈好嗎

通常較貴的電子血壓計精確度會更高，但也不是貴的就一定是好的。主要看電子血壓計的質量是否符合國際標準。

10. 如何在家中自測血壓

在家中自測血壓時，可按以下步驟測量。

（1）選擇合適的血壓計。一般常用的是汞柱血壓計，也有的使用氣壓錶式血壓計或電子血壓計。

（2）採用標準袖帶。根據自身條件調整袖帶鬆緊。

（3）選擇安靜、溫度適宜的環境測量血壓。

（4）患者取坐位，手掌向上平伸，上臂與心臟持平，袖帶下緣與肘彎處間距 2.5 厘米。將聽診器探頭置於肱動脈搏動處。

（5）快速充氣，充氣至橈動脈搏動消失後再加 30mmHg（此時為最大充氣水平）。

（6）緩慢放氣 2~4mmHg/s，在此過程中，第一次聽診音為收縮壓，搏動音消失時為舒張壓。

（7）間隔 1~2 分鐘重複測量，取平均值。

11. 測血壓時如何找準脈搏的位置

首先從左臂上方找到肘彎處中間的肌腱，摸起來硬而有彈性。在肌腱的右側也就是內側，可以很容易觸摸到肱動脈的搏動，應當把聽診器或袖帶的標記處放在這個位置上。腕脈的位置在手腕彎曲處的上方，位於大拇指一側。

12. 測血壓時為甚麼左臂和右臂數值不一樣

因為人體的血壓隨時隨地受到生理、環境、袖帶鬆緊度的影響，所以測量數值不穩。通常左、右臂相差一般不超過20mmHg，若血壓差超過了20mmHg，就需要考慮是否併發了其他疾病，需要及時去醫院複測，由醫生診斷、治療。

13. 一天內甚麼時候測血壓最佳

一天內血壓值並不是恆定的，而是在變化的。一般建議，在上午6~10 點、下午 4~8 點這兩個血壓高峰時段，以及患者服藥後 2~6 小時測血壓最佳，不僅可以測出客觀的血壓值，也可反映服藥效果。

14. 情緒會影響血壓值嗎

研究表明，情緒的變化會影響血壓水平。當人的情緒長時間處於緊張或消極狀態下，血壓就會升高。這是因為人激動時大腦皮質和神經中樞處於興奮狀態，血液中兒茶酚胺和皮質激素含量上升，從而導致血壓上升。由此可見，保持愉悦舒緩的心情是保持血壓穩定的重要因素之一。

15. 為何測血壓時會產生不安

高血壓患者在自測血壓時過於關注自己的血壓值，只有反復測血壓才能放下心來。由於患者在測量血壓時發現血壓較高，情緒變得緊張，結果導致血壓繼續升高，這被稱為「白大衣高血壓現象」。高血壓患者在測量血壓時要放鬆心態，保持愉悦心情，才能使血壓值反映真實情況。

16. 何時服用降壓藥物最有效

降壓藥根據藥效長短可分為長效降壓藥、中長效降壓藥和短效降壓藥。長效降壓藥的藥效能維持 24 小時以上，每日起床後需服用，一天只需服用 1 次。中長效降壓藥效果一般能維持 10~12 小時，每日 2 次，選擇在早晨和午後空腹服用。特殊人群應在醫生指導下調整用藥時間，使藥效得到最好發揮。短效降壓藥效果一般能維持 5~8 小時，每日 3 次，餐前半小時服用效果最好，這類藥雖起效快，但作用時間不長。

17. 怎樣能把血壓降到理想值

想要把血壓降低到正常水平需要很多因素的參與。高血壓患者要與醫生配合，按照醫囑合理用藥，注意血壓的自我監控，再加上合理飲食，經常鍛煉，保持心情愉快以及養成良好的生活習慣，大部分患者是可以把血壓降到理想水平的。一些患者沒有把血壓降下來，多與生活方式不規律、服藥不規範或沒有合理用藥有關。

高血壓一日三餐怎麼吃

主編
楊長春　高睡睡

責任編輯
Eva Lam

美術設計
Carol Fung

排版
何秋雲

出版者
萬里機構出版有限公司
香港鰂魚涌英皇道1065號東達中心1305室
電話：2564 7511
傳真：2565 5539
電郵：info@wanlibk.com
網址：http://www.wanlibk.com
http://www.facebook.com/wanlibk

發行者
香港聯合書刊物流有限公司
香港新界大埔汀麗路36號
中華商務印刷大廈3字樓
電話：2150 2100
傳真：2407 3062
電郵：info@suplogistics.com.hk

承印者
中華商務彩色印刷有限公司
香港新界大埔汀麗路36號

出版日期
二零一九年八月第一次印刷

Published in Hong Kong.
ISBN 978-962-14-7085-0